Zhongguo Tese Qiye Xinxing Xuetuzhi Peixun Jiaocai

中国特色企业新型学徒制培训教材

机械基础

（汽车类）

人力资源社会保障部教材办公室　组织编写

本书编审人员

主　编： 于玉真

副主编： 曹　卫

参　编： 张王康　邢　莉

主　审： 王　旭

中国劳动社会保障出版社

内容简介

本书是中国特色企业新型学徒制培训教材汽车类专业基础课程教材中的一种，主要内容包括常用连接，常用机械零件，联轴器、离合器、制动器，常用机构，机械传动，液压传动与气压传动，常用机械材料。

本书适用于各类企业与职业院校、职业培训机构、企业培训中心等教育培训机构开展中国特色企业新型学徒制培训，也适用于企业岗位技能培训和就业技能培训。

图书在版编目（CIP）数据

机械基础：汽车类 / 人力资源社会保障部教材办公室组织编写 . -- 北京：中国劳动社会保障出版社，2022

中国特色企业新型学徒制培训教材

ISBN 978-7-5167-5501-3

Ⅰ. ①机⋯ Ⅱ. ①人⋯ Ⅲ. ①机械学 – 教材 Ⅳ. ①TH11

中国版本图书馆 CIP 数据核字（2022）第 134574 号

中国劳动社会保障出版社出版发行

（北京市惠新东街 1 号 邮政编码：100029）

*

北京市白帆印务有限公司印刷装订 新华书店经销

787 毫米 ×1092 毫米 16 开本 9.75 印张 196 千字

2022 年 10 月第 1 版 2022 年 10 月第 1 次印刷

定价：30.00 元

营销中心电话：400-606-6496

出版社网址：http://www.class.com.cn

前　　言

为贯彻《关于加强新时代高技能人才队伍建设的意见》文件精神，落实《关于全面推行中国特色企业新型学徒制　加强技能人才培养的指导意见》（人社部发〔2021〕39号）有关要求，适应规范化、标准化、制度化开展企业新型学徒制培训对教材的需求，建立完善适应新时代企业新型学徒制培训需求的高质量教学资源体系，人力资源社会保障部教材办公室组织有关行业、企业、院校和培训机构的专家编写了中国特色企业新型学徒制培训教材。

中国特色企业新型学徒制培训教材依据国家职业技能标准、职业培训课程规范等进行开发。以培养劳模精神、劳动精神、工匠精神为引领，主动对接学徒生产实际，强化职业道德、职业素养及职业能力培养，积极适应产业变革、技术变革、组织变革和企业技术创新等需求。以工作过程、学习行动、问题解决为导向，有机融合理论培训与实践培训内容，贴近学徒实际水平、贴近企业实际需要、贴近岗位工作现场。

中国特色企业新型学徒制培训教材包括通用素质课程教材和专业基础课程教材两类。其中，通用素质课程教材注重对学徒综合素质和可迁移技能的培养，促进其具备良好职业道德、职业素养及职业能力，能够安全胜任岗位工作；专业基础课程教材注重对学徒专业基础知识和基本技能的培养，促进其适应有关职业（工种）技能的学习。

首批开发的中国特色企业新型学徒制培训教材依据通用素质课程培训大纲、机械类专业基础课程培训大纲、电工电子类专业基础课程培训大纲、汽车类专业基础课程培训大纲编写，具体包括《劳模精神　劳动精神　工匠精神》等9种通用素质课程教材，以及机械类、电工电子类、汽车类等专业大类的10种专业基础课程教材。

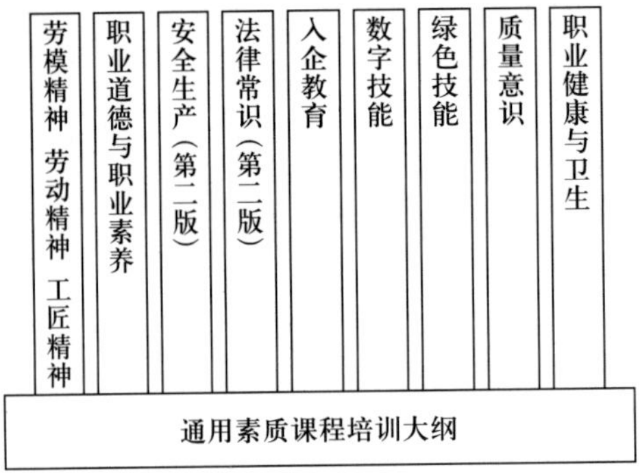

通用素质课程教材体系

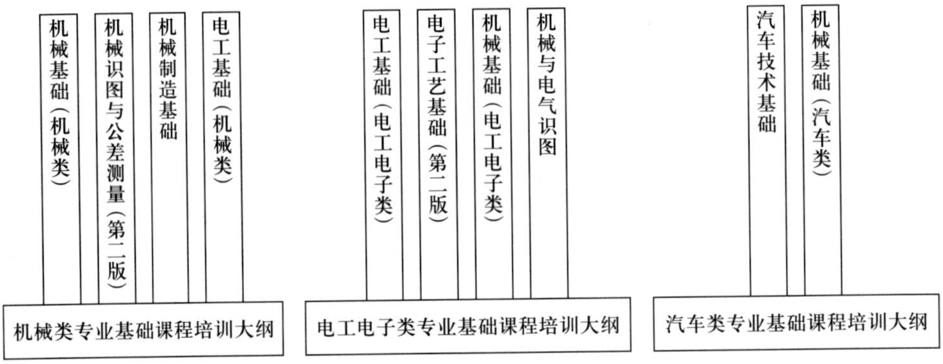

专业基础课程教材体系

本教材是开展中国特色企业新型学徒制培训的重要教学资源。主体读者对象为参加企业新型学徒制汽车类职业培训人员，也适用于企业岗位技能培训和就业技能培训人员。

本教材由于玉真担任主编、曹卫担任副主编并负责统稿。本教材在开发过程中得到了北京、内蒙古、辽宁、浙江、山东、河南、广东、重庆、陕西等地人力资源社会保障厅（局）及盐城工学院、抚顺矿务局职工工学院等相关企业、院校、培训机构的大力支持与协助，在此一并表示衷心的感谢。欢迎读者对完善本教材提出宝贵意见。

人力资源社会保障部教材办公室

目录

第1章

常用连接

机械零件又称机械元件，是组成机构和机器的不可拆分的单个制件，它是机械的基本单元。其中，螺纹紧固件、轴、键、销、轴承和弹簧等是机器中最常用的机械零件；联轴器、离合器和制动器是常用的机械部件。

下面主要介绍常用机械零部件的结构、特点和应用。

第1节 螺 纹 连 接

学习目标

1. 掌握螺纹的基本概念和主要参数。
2. 掌握螺纹的类型、代号和标记。
3. 掌握螺纹紧固件的种类及连接方式。

一、螺纹

1. 螺纹的形成

如图 1–1 所示，取一张硬纸剪成直角三角形 ABC，使底边 $AC=\pi d$，绕一直径为 d 的圆柱旋转一周，则斜边 AB 所形成的曲线称为螺旋线。沿螺旋线加工出沟槽、凸起就形成螺纹。

螺纹分为外螺纹和内螺纹，螺纹在圆柱或圆锥外表面的称为外螺纹，螺纹在圆柱或圆锥内表面的称为内螺纹，螺纹的结构如图 1–2 所示。内、外螺纹都是配套使用、缺一不可的。

如图 1–3a 所示车削形成的是外螺纹，如图 1–3b 所示车削形成的是内螺纹。

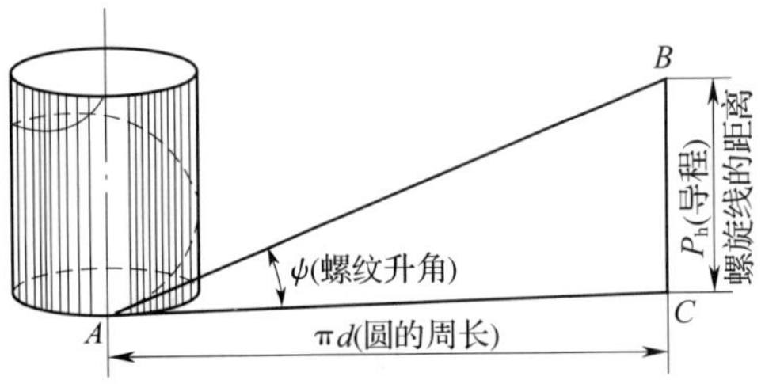

图 1–1　螺旋线的形成

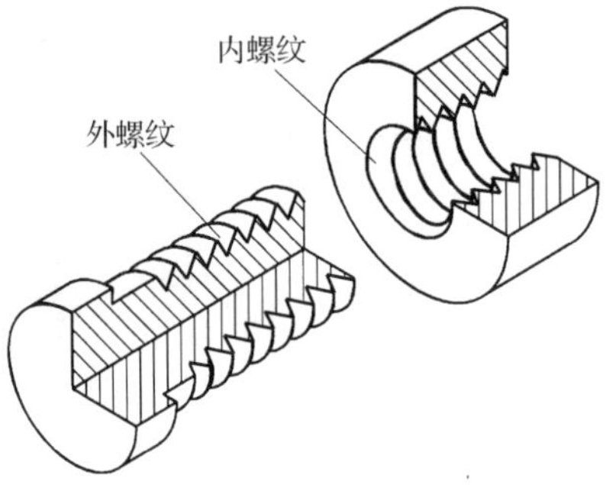

图 1–2　螺纹的结构

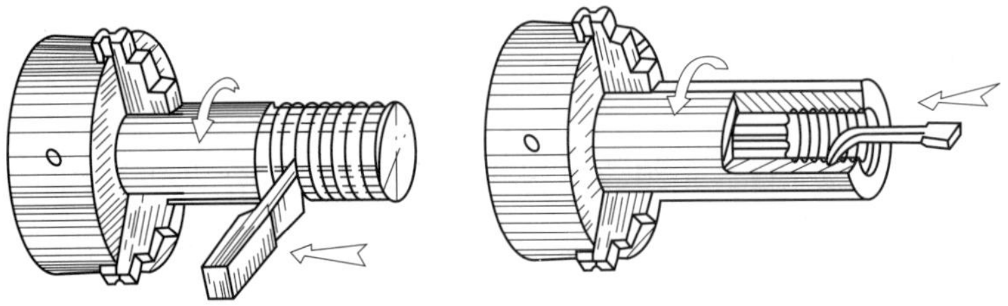

a)　b)

图 1–3　螺纹的形成

a）车削外螺纹　b）车削内螺纹

2. 螺纹的牙型、旋向和线数

（1）螺纹的牙型

螺纹的牙型是指在通过螺纹轴线的截面上螺纹的轮廓形状。常见的螺纹牙型有三角形、锯齿形、梯形、矩形等，如图 1–4 所示。

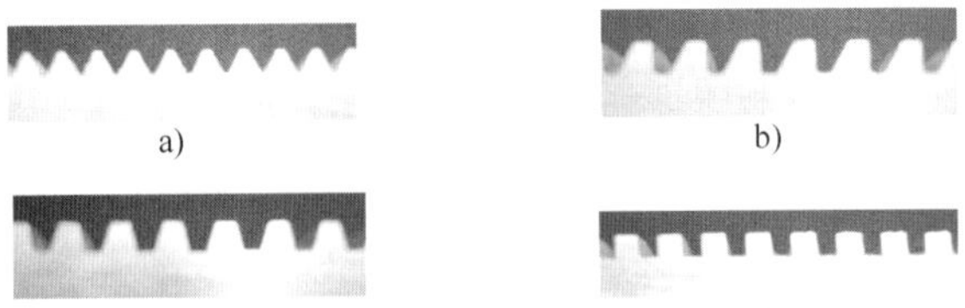

a)　b)　c)　d)

图 1–4　螺纹的牙型

a）三角形　b）锯齿形　c）梯形　d）矩形

（2）螺纹的旋向

如图 1–5 所示，螺纹的旋向是螺旋线在圆柱面或圆锥面上旋转的方向。一般螺纹都是右旋。将右旋螺纹竖直放在右手掌上，手掌上举，手心对着自己，拇指一侧螺旋线高，如图 1–5a 所示。左旋螺纹的辨认方法与右旋螺纹基本一致，不过需将螺纹竖放在左手掌上，将手掌上举，手心对着自己，拇指一侧螺旋线高，如图 1–5b 所示。

也可以按图 1–6 所示的方法判断螺纹的旋向，螺纹向右上升的为右旋螺纹，螺纹向左上升的为左旋螺纹。

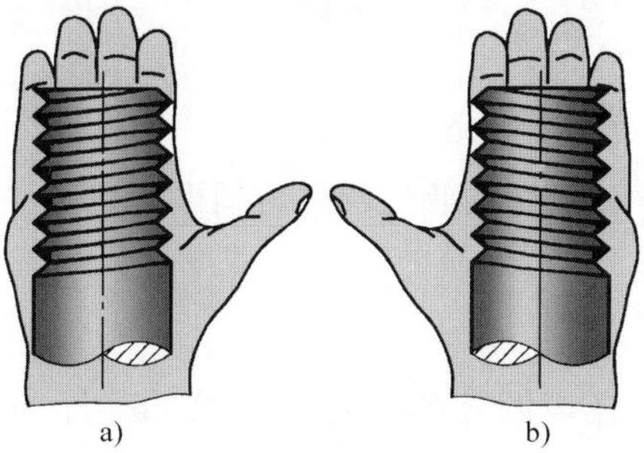

图 1–5　螺纹的旋向

a）右旋螺纹　b）左旋螺纹

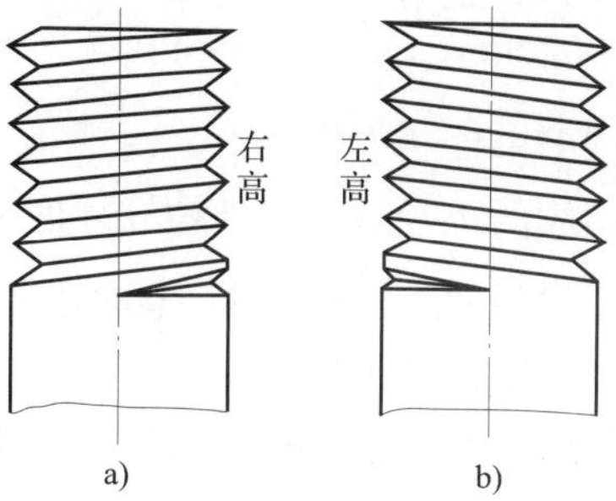

图 1–6　判断螺纹的旋向

a）右旋　b）左旋

（3）螺纹的线数

如图 1–7 所示，螺纹的线数是指圆柱面或圆锥面上螺旋线的数目。按照螺旋线的数目不同，螺纹可以分为单线螺纹和多线螺纹。单线螺纹一般用于连接，多线螺纹一般用于传动。

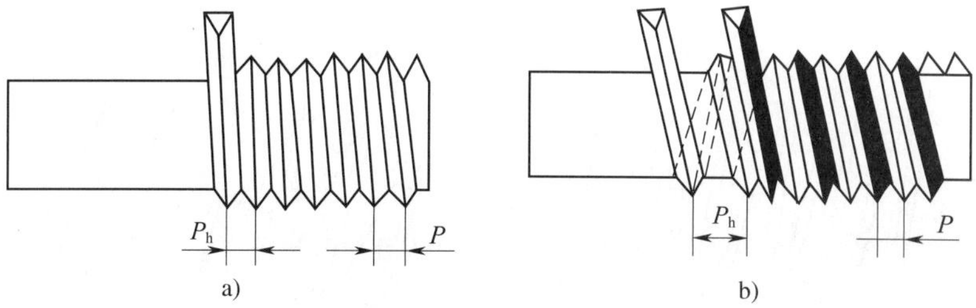

图 1–7　螺纹的线数

a）单线　b）双线

3. 螺纹的主要参数

如图 1–8 所示，以双线圆柱螺纹为例说明螺纹的主要参数。

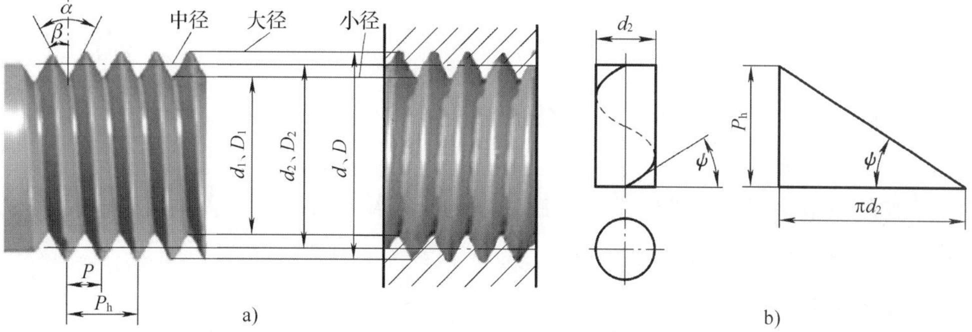

图 1–8　螺纹的主要参数

a）螺纹的直径等参数　b）螺纹升角

（1）大径 d（D）

螺纹的大径是指与外螺纹牙顶或内螺纹牙底相切的假想圆柱或圆锥的直径，除管螺纹外，公称直径是指螺纹的大径。内螺纹的大径用 D 表示，外螺纹的大径用 d 表示。

（2）小径 d_1（D_1）

螺纹的小径是指与外螺纹牙底或内螺纹牙顶相切的假想圆柱或圆锥的直径。内螺纹的小径用 D_1 表示，外螺纹的小径用 d_1 表示。

（3）中径 d_2（D_2）

螺纹的中径是指一个假想圆柱的直径，在该圆柱的母线上螺纹的牙厚与沟槽宽度相等，该圆柱的直径称为中径。内螺纹的中径用 D_2 表示，外螺纹的中径用 d_2 表示。

（4）螺距 P

如图 1–9 所示，螺距是指相邻两牙在中径线上对应两点间的轴向距离。

（5）导程 P_h

如图 1–9 所示，导程是指同一条螺纹线上的相邻两牙在中径线上对应两点间的轴向距离。设螺旋线数为 n，则 $P_h=nP$。

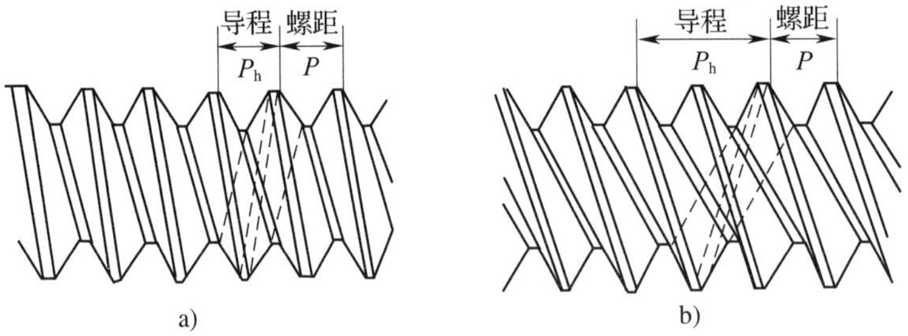

图 1–9　螺纹的螺距、导程

a）单线　b）双线

（6）螺纹升角 ψ

螺纹升角是指在中径圆柱上螺旋线的切线与垂直于螺纹轴线的平面间的夹角，如图 1–8b 所示。

（7）牙型角 α

牙型角是指在螺纹的轴向剖面内螺纹牙两侧的夹角，如图 1–8a 所示。

（8）牙侧角 β

牙侧角是指在螺纹的轴向剖面内螺纹牙侧与螺纹轴线的垂线间的夹角，对称牙型的牙侧角 $\beta=\alpha/2$，如图 1–8a 所示。

4. 常用螺纹

表 1–1 所列为常用螺纹的用途、类型、牙型、特点及应用示例。前三种螺纹用于连接，后三种螺纹用于传动。

表 1-1　常用螺纹的类型、牙型、特点及应用示例

用途	类型	牙型	特点及应用示例
连接用	普通螺纹	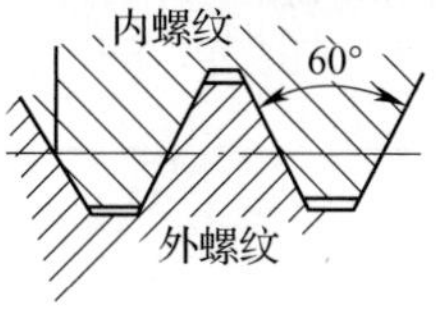	牙型角 α=60°，自锁性好。同一公称直径，按螺距大小分为粗牙螺纹和细牙螺纹，一般情况下多用粗牙螺纹；细牙螺纹用于薄壁零件或受动载荷的连接，还可用于微调机构的调整
	英制螺纹	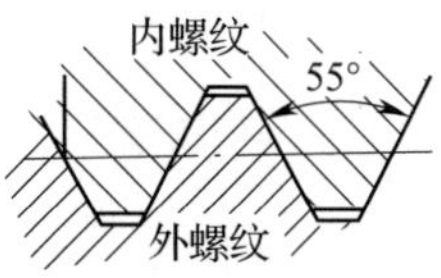	牙型角 α=55°，尺寸单位是 in，螺距以每 in 长度内的牙数表示。英制螺纹有粗牙螺纹、细牙螺纹之分，多在修配英、美等国家的机件时使用
	圆柱管螺纹	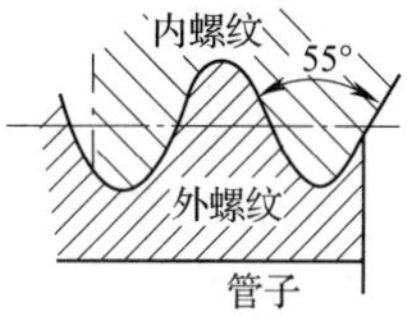	牙型角 α=55°，牙顶呈圆弧形，旋合时螺纹间无径向间隙，紧密性好，公称直径近似管孔径，以 in 为单位，是一种螺纹较浅的特殊英制细牙螺纹，多用于压力在 1.57MPa 以下的管的连接
传动用	矩形螺纹	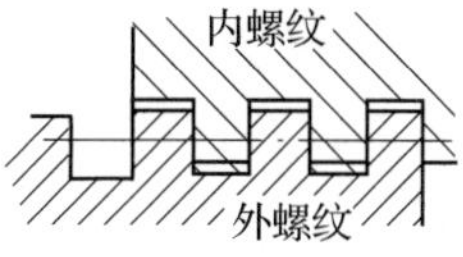	牙型为矩形，牙厚为螺距的一半，尚未标准化，牙根强度低，难以精确加工，磨损后间隙难以补偿，对中精度低，但传动效率高，用于传动
	梯形螺纹	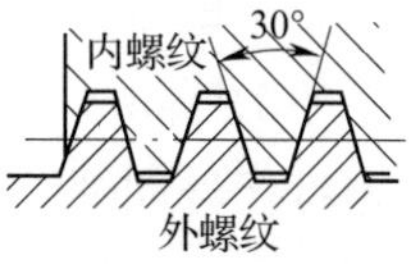	牙型角 α=30°，传动效率略低于矩形螺纹，但可避免矩形螺纹的缺点，广泛用于传动
	锯齿形螺纹	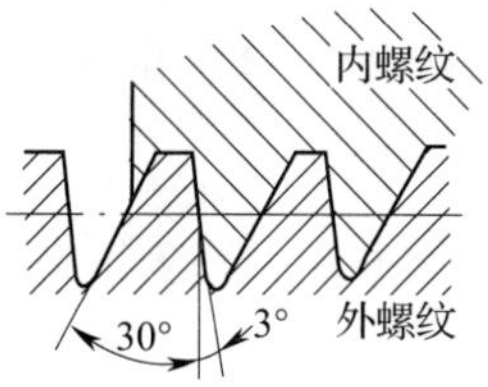	工作面的牙型角为 3°，非工作面的牙型角为 30°，综合了矩形螺纹传动效率高和梯形螺纹牙根强度高的优点，但只能用于单向受力的传动

粗牙普通螺纹的基本尺寸见表 1–2。

表 1-2　粗牙普通螺纹的基本尺寸

mm

公称直径		螺距	中径	小径	公称直径		螺距	中径	小径
第一系列	第二系列	P	d_2	d_1	第一系列	第二系列	P	d_2	d_1
4		0.7	3.545	3.242	8		1.25	7.188	6.647
	4.5	（0.75）	4.013	3.688	10		1.5	9.026	8.376
5		0.8	4.480	4.134	12		1.75	10.863	10.106
6		1	5.350	4.917		14	2	12.701	11.835

续表

公称直径		螺距	中径	小径	公称直径		螺距	中径	小径
第一系列	第二系列	P	d_2	d_1	第一系列	第二系列	P	d_2	d_1
16		2	14.701	13.835	30		3.5	27.727	26.211
	18	2.5	16.376	15.294		33	3.5	30.727	29.211
20		2.5	18.376	17.294	36		4	33.402	31.670
	22	2.5	20.376	19.294		39	4	36.402	34.670
24		3	22.051	20.752	42		4.5	39.077	37.129
	27	3	25.051	20.752		45	4.5	42.077	40.129

5. 螺纹的代号和标记

（1）普通螺纹

1）普通螺纹代号。由螺纹特征代号和尺寸代号组成。粗牙普通螺纹用字母 M 与公称直径表示；细牙普通螺纹用字母 M 与公称直径 × 螺距表示。当螺纹为左旋时，在代号之后加“LH”。例如：

M24 表示公称直径为 24 mm 的粗牙普通螺纹。

M24 × 1.5 表示公称直径为 24 mm、螺距为 1.5 mm 的细牙普通螺纹。

M24 × 1.5—LH 表示公称直径为 24 mm、螺距为 1.5 mm、左旋的细牙普通螺纹。

2）普通螺纹的标记。由螺纹代号、螺纹公差带代号和螺纹旋合长度代号组成。

螺纹旋合长度是指两个相互配合的螺纹沿螺纹轴线方向相互旋合部分的长度，如图 1–10 所示。国家标准规定，根据不同的直径和螺距，旋合长度分为三组：短旋合长度，用 S 表示；中等旋合长度，用 N 表示（N 可省略）；长旋合长度，用 L 表示。

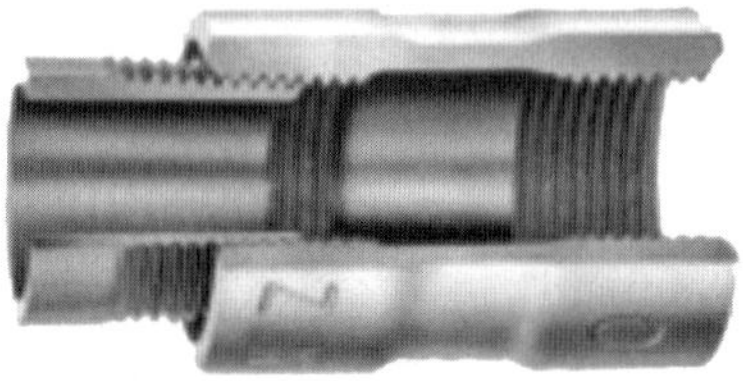
图 1–10　螺纹旋合长度

螺纹公差带代号包括中径公差带代号和顶径公差带代号。公差带代号由表示其公差等级的数字和表示公差位置的字母所组成。螺纹公差带代号标注在螺纹代号之后，中间用“—”分开。如果螺纹中径公差带代号与顶径公差带代号不同，则分别标注，前者表示中径公差带代号，后者表示顶径公差带代号；如果螺纹中径公差带代号与顶径公差带代号相同，则只标注一个代号即可。例如：

M20 —5g6g 表示公称直径为 20 mm 的粗牙、右旋普通螺纹，中径公差带代号为 5g，顶径公差带代号为 6g，中等旋合长度。

M20 × 1—6H 表示公称直径为 20 mm，螺距为 1 mm 的细牙、右旋普通螺纹，中径公差带与顶径公差带代号均为 6H，中等旋合长度。

对于一般使用的螺纹，不标注螺纹的旋合长度，使用时按中等旋合长度确定，必要时在螺纹公差带代号之后加注旋合长度代号（S 或 L），中间用“—”分开。有特殊需要时还可注明旋合长度的数值。例如：

M10—5g6g—S 表示公称直径为 10 mm 的粗牙、右旋普通螺纹，中径公差带代号为 5g，顶径公差带代号为 6g，短旋合长度。

M10—7H—L 表示公称直径为 10 mm 的粗牙、右旋普通螺纹，中径公差带与顶径公差带代号均为 7H，长旋合长度。

M30 × 1.5—5g6g—50 表示公称直径为 30mm、螺距为 1.5 mm 的细牙、右旋普通螺纹，中径公差带代号为 5g，顶径公差带代号为 6g，旋合长度为 50 mm。

（2）管螺纹

如图 1–11 所示为螺纹密封的管螺纹的连接。螺纹特征代号有四个，其中 Rc 表示圆锥内螺纹，R_1 和 R_2 表示圆锥外螺纹，R_p 表示圆柱内螺纹。

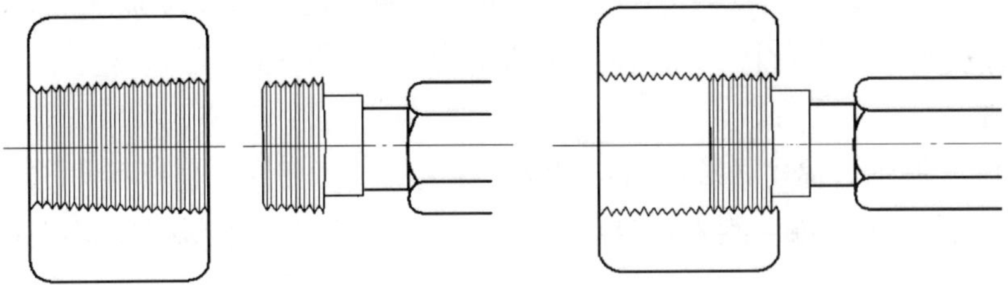

图 1–11　螺纹密封的管螺纹的连接

a）圆锥内螺纹与圆锥外螺纹的连接　b）圆柱内螺纹与圆锥外螺纹的连接

1）密封管螺纹。标记由螺纹特征代号和尺寸代号组成。包括圆锥内螺纹与圆锥外螺纹的连接和圆柱内螺纹与圆锥外螺纹的连接两种形式，如图 1–11 所示。例如：

Rc$1\frac{1}{2}$表示圆锥内螺纹，尺寸代号为$1\frac{1}{2}$。

R$1\frac{1}{2}$—LH 表示左旋圆锥外螺纹，尺寸代号为$1\frac{1}{2}$。

Rc $2\frac{1}{2}$ /R_2 $2\frac{1}{2}$表示尺寸代号为$2\frac{1}{2}$的圆锥内螺纹与尺寸代号为 $2\frac{1}{2}$的圆锥外螺纹的配合。

2）非密封管螺纹。非密封管螺纹的标记由螺纹特征代号、尺寸代号和公差等级代号组成，内、外螺纹均为圆柱形的管螺纹。内螺纹的标记为螺纹特征代号 G 和尺寸代号两项；外螺纹的标记为螺纹特征代号 G、尺寸代号和公差等级代号 A 或 B 三项。例如：

G$1\frac{1}{2}$表示内螺纹，尺寸代号为$1\frac{1}{2}$。

G$1\frac{1}{2}$ B—LH 表示左旋 B 级外螺纹，尺寸代号为$1\frac{1}{2}$。

（3）梯形螺纹

梯形螺纹的标记与普通螺纹类似，由螺纹特征代号 Tr、尺寸代号、螺纹公差带代号和螺纹旋合长度四部分组成。例如：

Tr40×7 表示公称直径为 40 mm，螺距为 7 mm，中等旋合长度的梯形螺纹。

Tr40×14（P7）LH—7H—L 表示公称直径为 40 mm，导程为 14 mm（螺距为 7 mm），中径和顶径公差带代号均为 7H，长旋合长度的双线左旋梯形螺纹。

二、螺纹紧固件的种类

螺纹紧固件是通过螺纹实现其紧固作用的机械零件的总称。螺纹紧固件的类型很多，在机械制造中常见的螺纹紧固件有螺栓、螺柱、螺钉、螺母和垫圈等。螺纹紧固件的结构和尺寸都已标准化，设计时根据使用要求选用。

1. 螺栓

如图 1–12a 所示为普通螺栓，螺栓类型很多，以六角头螺栓应用最广。螺栓精度分为 A、B、C 级，通用机械制造中多用 C 级，普通螺栓杆部可为部分螺纹或全螺纹。螺栓也可应用于螺钉连接中。如图 1–12b 所示为铰制孔用螺栓。

2. 螺柱

如图 1–13 所示，螺柱两端都制有螺纹，两端螺纹可相同，也可不同。旋入被连接件螺孔的一端称为旋入端，旋入后即不拆卸，另一端则用于安装螺母以固定其他零件。

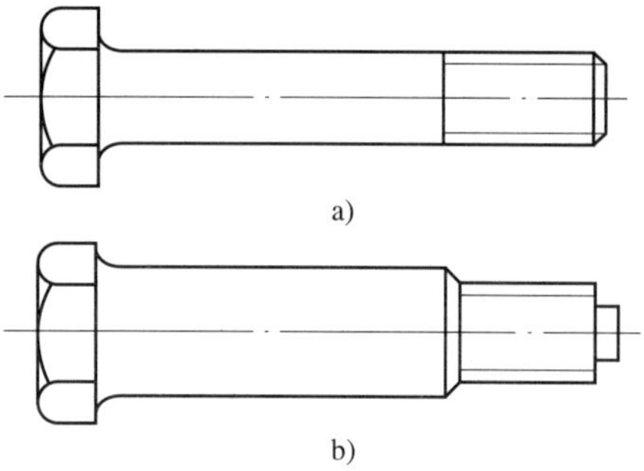

图 1–12　螺栓

a）普通螺栓　b）铰制孔用螺栓

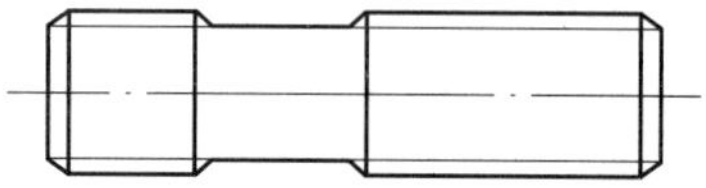

图 1–13　螺柱

3. 螺钉

（1）连接螺钉

如图 1–14 所示，连接螺钉的结构与螺栓大致相同，但头部形状较多，以满足不同的需求。

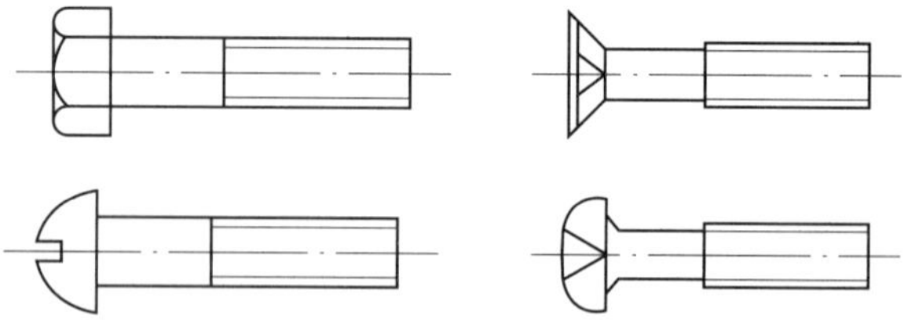

图 1–14　连接螺钉

（2）紧定螺钉

如图 1–15 所示，紧定螺钉的头部和末端有多种结构形式，以适应不同的拧紧力矩和支承面，适用于不需要经常拆卸的场合。

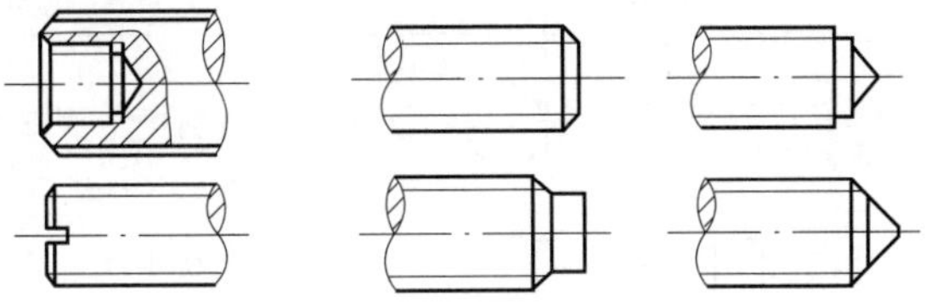

a) b)

图 1–15　紧定螺钉

a）头部　b）末端

4. 螺母

螺母的形状有六角形、圆形、方形等，以六角螺母应用最广。六角螺母（见图 1–16a）又分为普通螺母、薄螺母和厚螺母，以普通螺母应用最广。厚螺母用于需经常拆卸的场合，薄螺母用于尺寸受限的场合。如图 1–16b 所示的圆螺母常用于轴上零件的轴向固定。

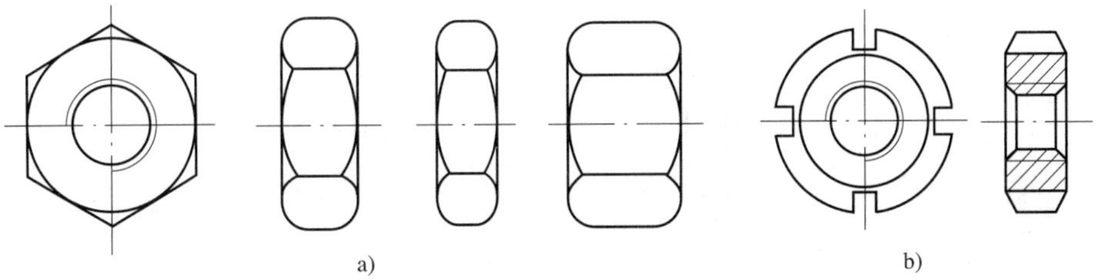

a) b)

图 1–16　螺母

a）六角螺母　b）圆螺母

5. 垫圈

如图 1–17 所示分别为平垫圈、弹簧垫圈和斜垫圈。在拧紧螺母时，垫圈用于保护被连接零件表面不被擦伤，同时还可增大接触面积，减小零件所受压强。弹簧垫圈还可起到防松作用。

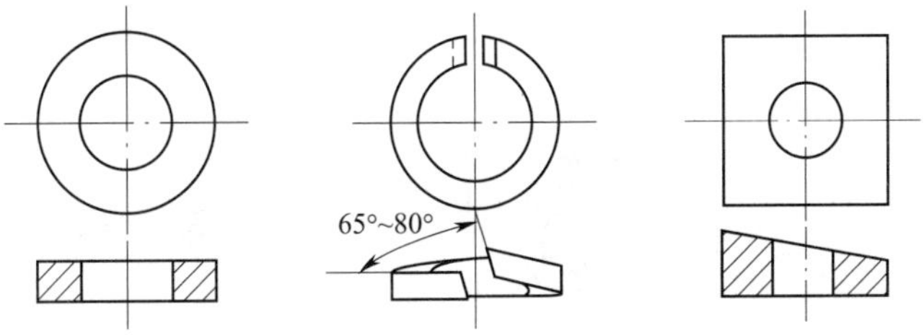

a) b) c)

图 1–17　垫圈

a）平垫圈　b）弹簧垫圈　c）斜垫圈

表 1–3 所列为常用螺纹紧固件的应用场合。

表 1–3　常用螺纹紧固件的应用场合

<table>
<tr><th colspan="2">名称</th><th>图例</th><th>应用场合</th></tr>
<tr><td colspan="2">六角头螺栓</td><td>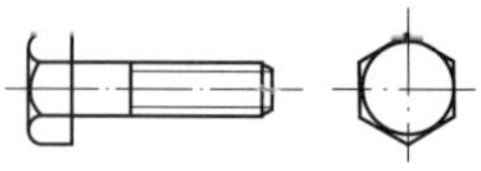</td><td>机械制造中广泛应用</td></tr>
<tr><td colspan="2">双头螺柱</td><td></td><td>用于双头螺柱连接</td></tr>
<tr><td colspan="2">六角螺母</td><td>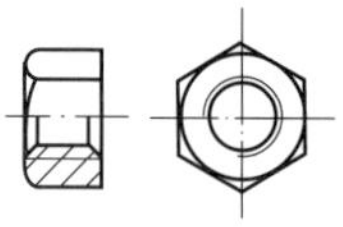</td><td>机械制造中广泛应用</td></tr>
<tr><td colspan="2">六角开槽螺母</td><td>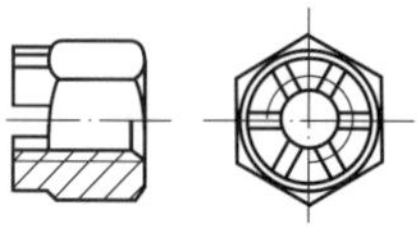</td><td>用于防松装置，螺母顶端有六个槽，可用开口销锁紧</td></tr>
<tr><td colspan="2">圆螺母</td><td>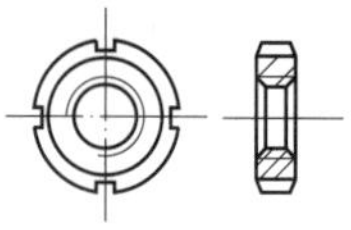</td><td>用来固定传动零件的轴向位置</td></tr>
<tr><td rowspan="5">螺钉</td><td rowspan="3">连接螺钉</td><td>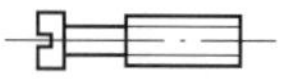</td><td rowspan="3">用于螺钉连接</td></tr>
<tr><td>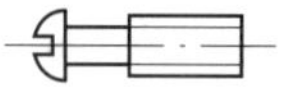</td></tr>
<tr><td>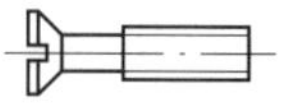</td></tr>
<tr><td rowspan="2">紧定螺钉</td><td>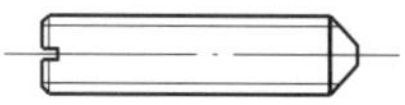</td><td rowspan="2">用于固定两机件的相对位置</td></tr>
<tr><td>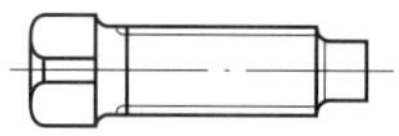</td></tr>
<tr><td colspan="2">垫圈</td><td>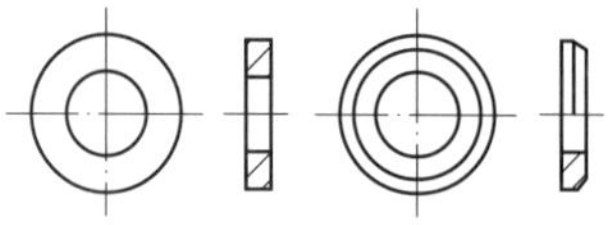</td><td>机械制造中广泛应用</td></tr>
<tr><td colspan="2">弹簧垫圈</td><td>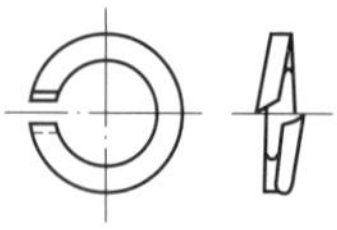</td><td>用于防松装置</td></tr>
<tr><td colspan="2">吊环螺纹</td><td>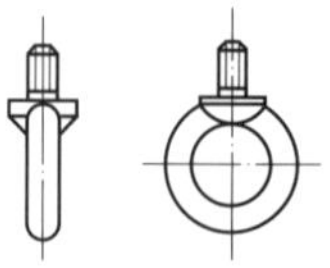</td><td>用于安装和运输时起吊重物</td></tr>
<tr><td colspan="2">地脚螺栓</td><td>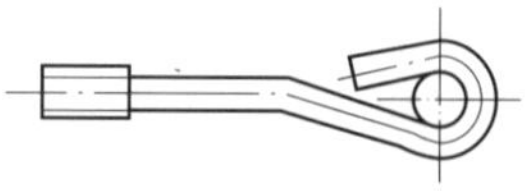</td><td>用于连接机器和地基</td></tr>
</table>

如图 1-18a 所示为螺栓连接的应用实例，如图 1-18b 所示为双头螺柱连接的应用实例，如图 1-18c 所示为连接螺钉连接的应用实例，如图 1-18d 所示为紧定螺钉连接的应用实例。

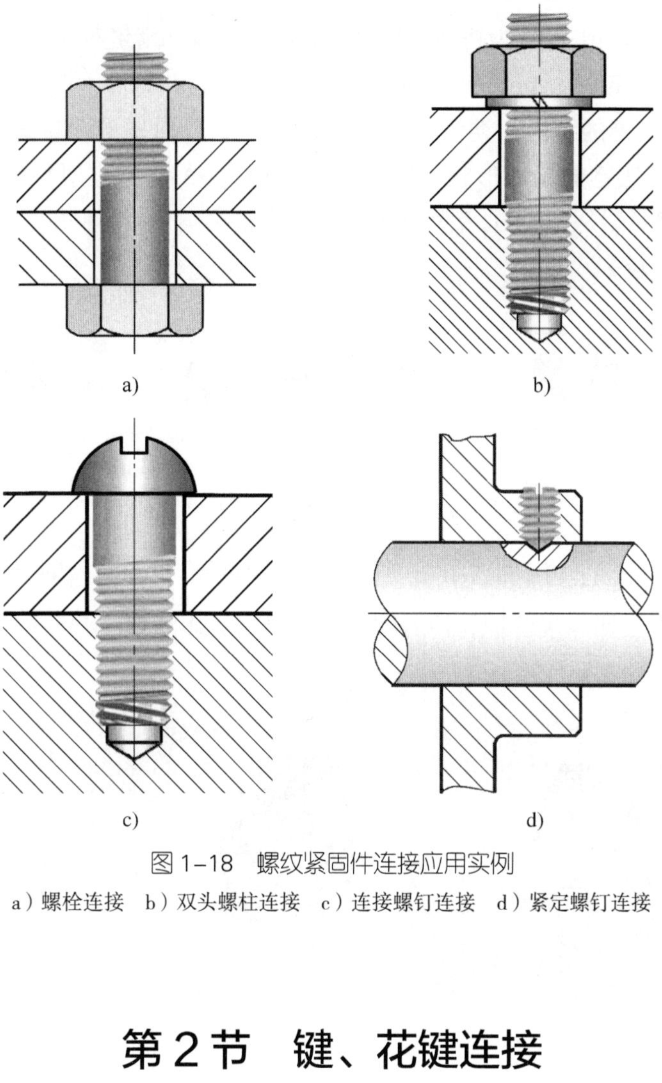

图 1-18　螺纹紧固件连接应用实例
a）螺栓连接　b）双头螺柱连接　c）连接螺钉连接　d）紧定螺钉连接

第 2 节　键、花键连接

学习目标

1. 掌握键、花键的功用。
2. 掌握键、花键的基本结构和类型。

键、花键主要用来连接轴和轴上的零件，实现周向固定，以传递运动和转矩。常用的键连接有普通平键、导向平键、半圆键等，其中以平键应用最广。

一、键连接

常用的键连接有平键连接和半圆键连接等，其中以平键连接应用最广。

1. 平键连接

根据用途不同，平键分为普通型平键、导向型平键和滑键等。

（1）普通型平键

1）普通型平键的结构和类型。如图 1–19 所示，普通型平键断面呈正方形或长方形。普通型平键按键的端部形状不同分为三种形式：A 型普通型平键两端是半圆形；B 型普通型平键两端是方形；C 型普通型平键一端是半圆形，另一端是方形。其中 A 型普通型平键应用较多。

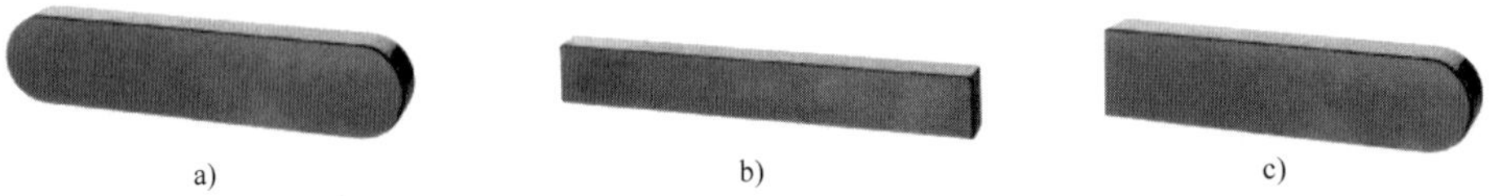

图 1–19　普通型平键

a）A 型　b）B 型　c）C 型

2）普通型平键的功用如图 1–20 所示，普通型平键一半嵌入轴上的键槽，一半插入轮毂槽，键的顶面与轮毂槽底面有间隙，两侧面是工作面，与轮毂槽紧密接触，靠侧面传递转矩。

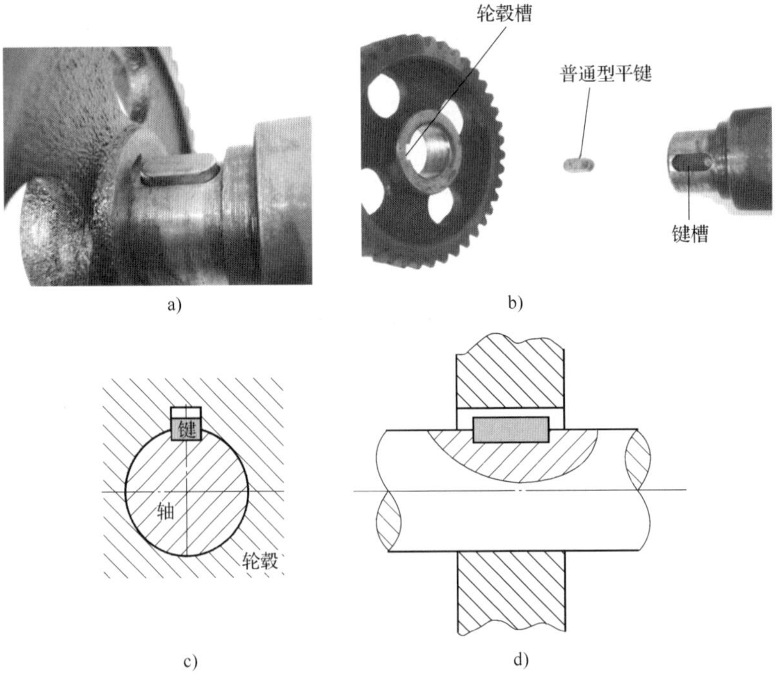

图 1–20　普通型平键连接

a）装配图　b）分解图　c）断面图　d）连接图

普通型平键是标准件，它的规格采用 $b \times h \times L$ 标记，如图 1–21 所示。其中 b 为键宽，h 为键高，L 为键长。

选择键的规格时，其键宽与键高主要根据轴径按国家标准确定，键长的选择则以略小于轮毂长度为原则，参照国家标准选择键长系列尺寸。

（2）导向型平键和滑键

1）导向型平键的结构与功用。如图 1–22 所示，导向型平键是一种加长的普通型平键，其端部形状有 A 型和 B 型两种形式。导向型平键的两端有沉头孔，中间有起键螺孔。

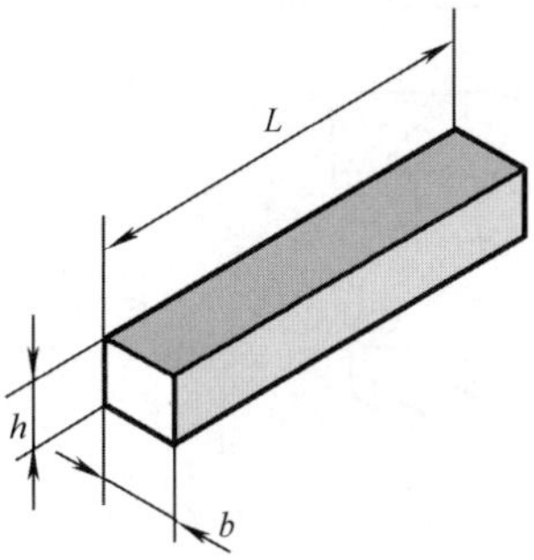

图 1–21　普通型平键的主要尺寸

图 1–22　导向型平键

a）A 型　b）B 型

如图 1–23 所示，轴上装有导向型平键，轮毂可以沿轴滑动。它的尺寸选择与普通型平键相同，但长度要根据滑移的要求确定。由于导向型平键一般比较长，其连接方法是利用键上的沉头孔，用圆柱头螺钉将其固定在轴上。

a)

b)

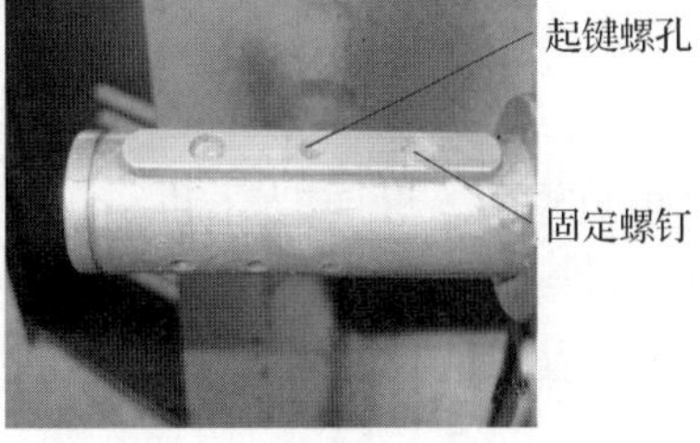

c)

图 1–23　导向型平键的功用

a）右滑动　b）左滑动　c）导向型平键连接

2）滑键的结构与功用。滑键连接一般有两种形式，如图 1–24 所示。滑键的侧面为工作面，靠侧面传递动力，对中性好，拆装方便。

滑键通常轴向固定在轮毂上，并与轮毂一同相对于轴上的键槽滑动。键长不受滑动距离的限制，只需在轴上铣出较长的键槽。

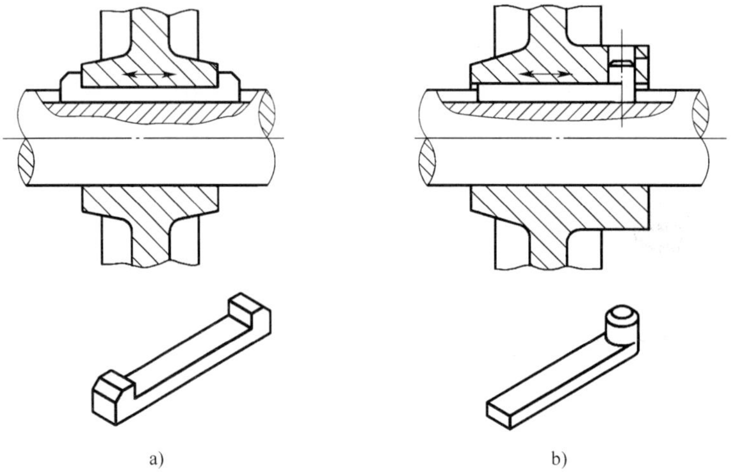

图 1–24　滑键
a）钩头滑键　b）圆柱头滑键

2. 半圆键连接

（1）半圆键的结构

如图 1–25 所示，半圆键的上表面为平面，下表面为半圆弧面，两侧面平行，俗称月牙键。它与平键连接方式基本相同，但比平键制造方便，拆装容易，尤其适用于带锥度的轴与轮毂的连接。其缺点是削弱了轴的强度，一般只在受力较小的部位采用。

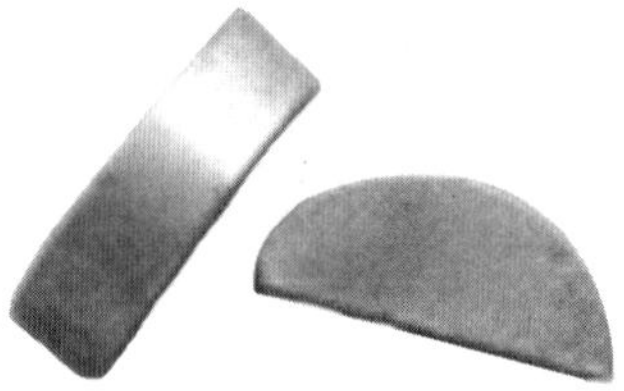

图 1–25　半圆键

（2）半圆键的功用

如图 1–26 所示，半圆键一部分嵌入轴槽，一部分插入轮毂槽，其顶面与轮毂槽面有间隙，两侧面是工作面，与轮毂紧密接触，靠侧面传递转矩。半圆键与平键的区别：不但可以用在圆柱轴上，也可以用在圆锥轴上。

二、花键连接

如果使用一个平键不能满足轴所传递的转矩要求，可以在同一轴、毂连接处均匀布置两个或三个平键。但是，这样会造成载荷分布不均匀，且键槽越多，对轴的强度削弱就越大。为了避免这一缺点，这时可以采用花键连接。

1. 花键的结构

如图 1–27 所示，花键连接是由在轴上加工出的外花键齿和在轮毂孔壁加工出的内花键齿所构成的，多个键齿在轴上和轮毂孔内周向均布，齿侧面为工作面。

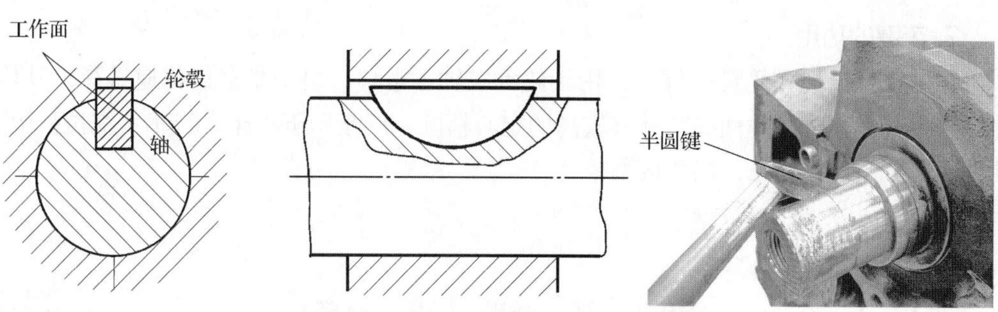

a)

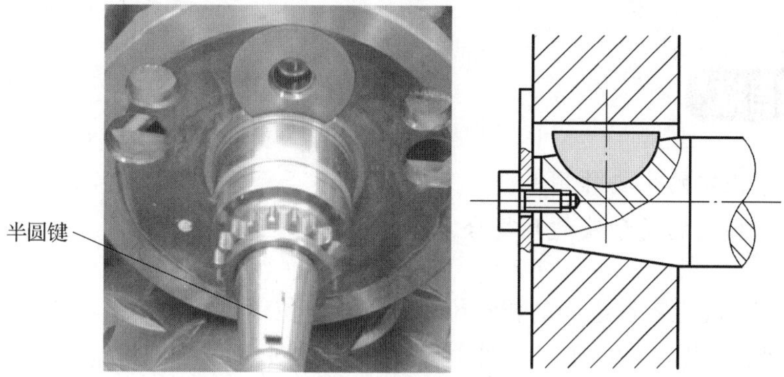

b)

图 1–26　半圆键的功用

a）圆柱轴上的半圆键　b）圆锥轴上的半圆键

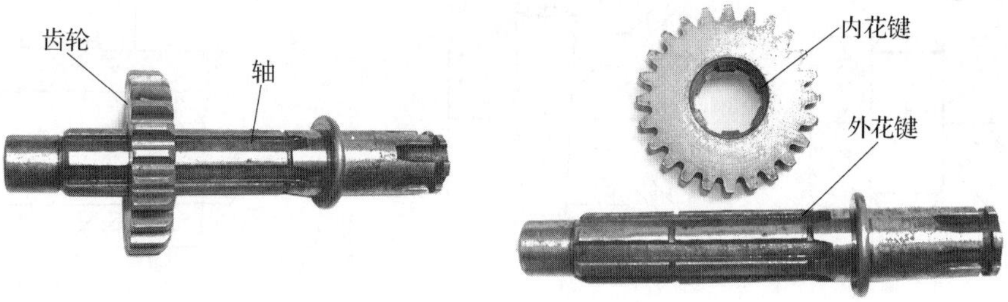

图 1–27　花键

如图 1–28 所示，根据键齿的形状不同，花键可以分为矩形齿、渐开线齿和三角形齿三种。

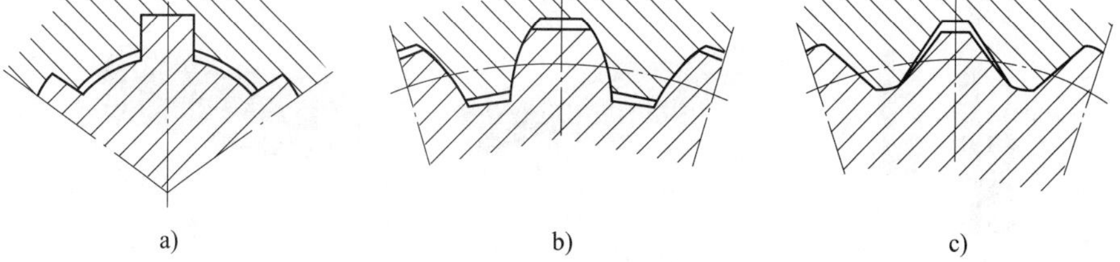

a)　　b)　　c)

图 1–28　键齿的形状

a）矩形齿　b）渐开线齿　c）三角形齿

2. 花键的功用

花键也像导向型平键一样，适用于轮毂在轴上滑移，由于是多齿传递载荷，其传递转矩大，滑移的导向性好，并有较高的定心精度，广泛用于机床、汽车、拖拉机中。其主要缺点是加工复杂，制造成本较高。

第3节 销 连 接

学习目标

1. 掌握销的主要作用。
2. 掌握销的类型及适用场合。

销主要用于固定零件之间的相对位置，称为定位销，常用作组合加工和装配时的主要辅助零件，如图 1-29a 所示为圆柱销，如图 1-29b 所示为圆锥销。

销也用作零件间的连接或锁定，可传递不大的载荷，如图 1-30 所示。销还可作为安全装置中的过载剪断元件，称为安全销。

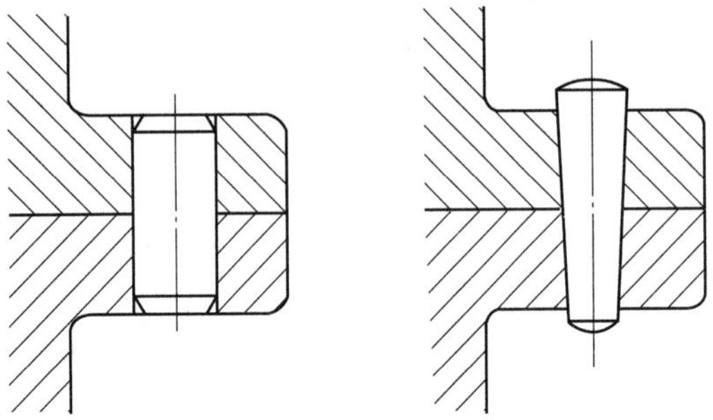

a) b)

图 1-29 定位销

a）圆柱销 b）圆锥销

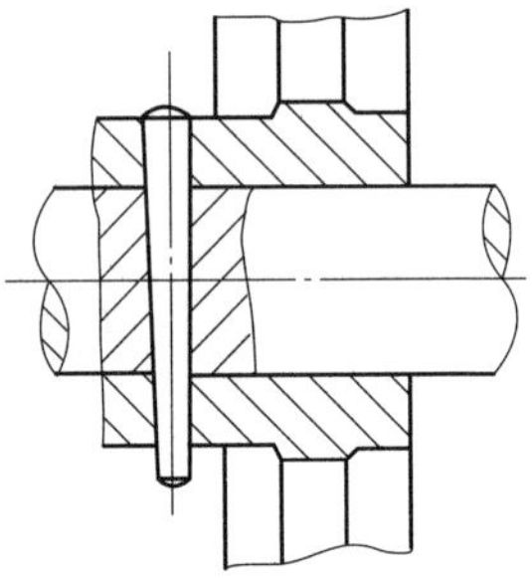

图 1-30 连接销

按形状不同，销分为圆柱销、圆锥销和槽销，如图 1-31 所示。

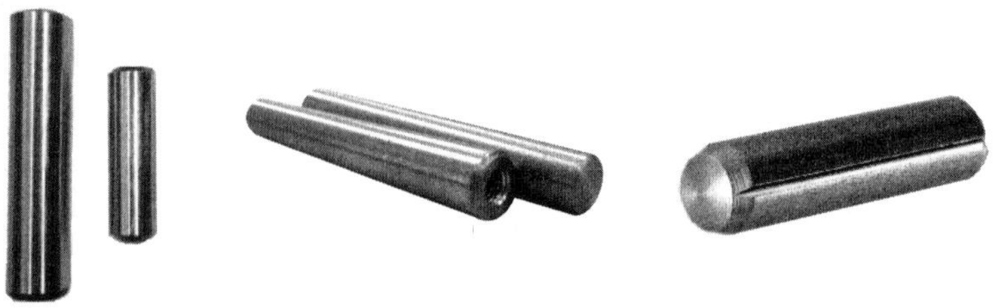

a) b) c)

图 1-31 不同形状的销

a）圆柱销 b）圆锥销 c）槽销

如图 1–32a 所示，圆柱销靠过盈配合固定在销孔中，如果多次装拆，其定位精度和可靠性会降低，故适用于不常拆卸的零件定位。

对于常拆卸的零件多采用圆锥销定位。如图 1–32b 所示，圆锥销有 1 ∶ 50 的锥度，受横向力时可以自锁，安装方便，定位精度高，多次装拆不影响定位精度，适用于经常拆卸的零件定位。

如图 1–33 所示，端部带螺纹的圆锥销可用于盲孔或拆卸困难的场合。

如图 1–34 所示，槽销上有三条压制的纵向沟槽，将槽销打入销孔后，因材料的弹性使销挤紧在销孔中，不易松脱，故能承受振动和交变载荷。

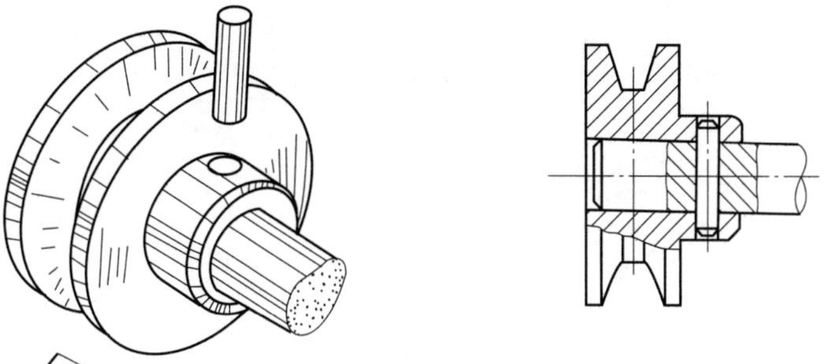

a)

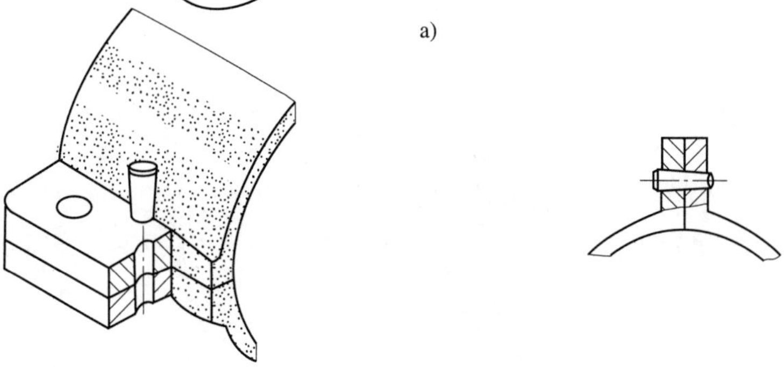

b)

图 1–32　圆柱销和圆锥销

a）圆柱销　b）圆锥销

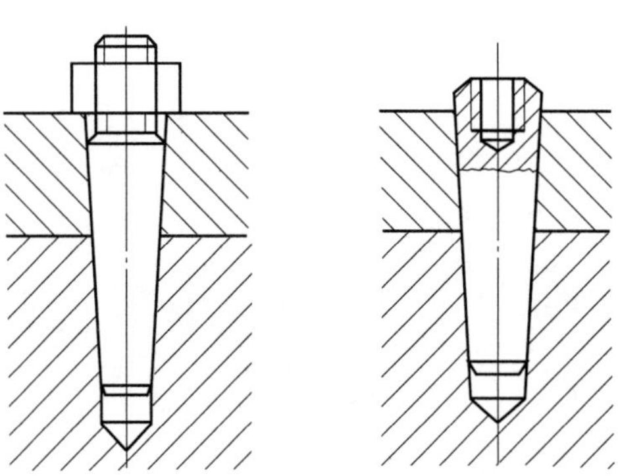

图 1–33　端部带螺纹的圆锥销

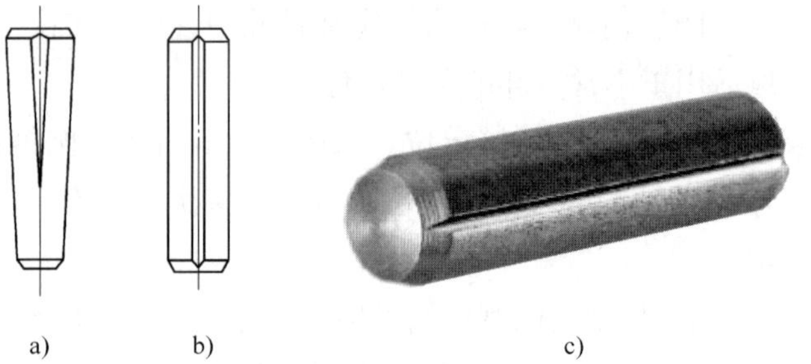

图 1–34　槽销

a）锥槽圆锥销　b）平行槽圆柱销　c）实物图

第2章

常用机械零件

第1节　轴

学习目标

1. 掌握轴的分类和工作特点。
2. 掌握轴上零件的定位和固定方法。

一、轴的功用与分类

1. 轴的功用

轴是组成机器的主要零件，一切做回转运动的零件（如齿轮、带轮等）都必须安装在轴上才能进行运动或传递动力。如图 2–1 所示为自行车、汽车、减速齿轮箱和升降滑轮等，其中都有轴的应用。

由此可以发现，轴就是用来支承回转零件、传递运动和转矩的零件。轴的形式很多，如图 2–2 所示为常见典型的轴。

2. 轴的分类

（1）按受载的特点分类

按受载的特点不同，轴分为传动轴、心轴和转轴。

1）传动轴。传动轴是指用于传递转矩而不承受弯矩，或所承受的弯矩很小的轴，如汽车传动轴，如图 2–3 所示。

2）心轴。心轴是指用来支承转动零件，只承受弯矩而不传递转矩，如自行车前轮轴，如图 2–4 所示。

a)

b)

c)

d)

图 2-1　轴的应用

a）自行车车轮轴　b）汽车传动轴　c）减速齿轮箱齿轮轴　d）升降滑轮滑轮轴

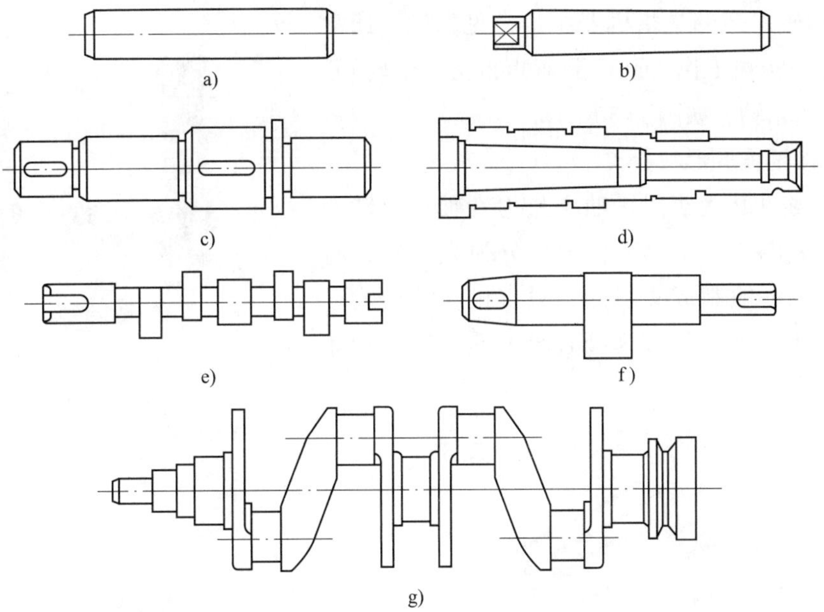

图 2-2　常见典型的轴

a）光轴　b）锥度心轴　c）传动轴　d）立铣头主轴　e）凸轮轴　f）偏心轴　g）曲轴

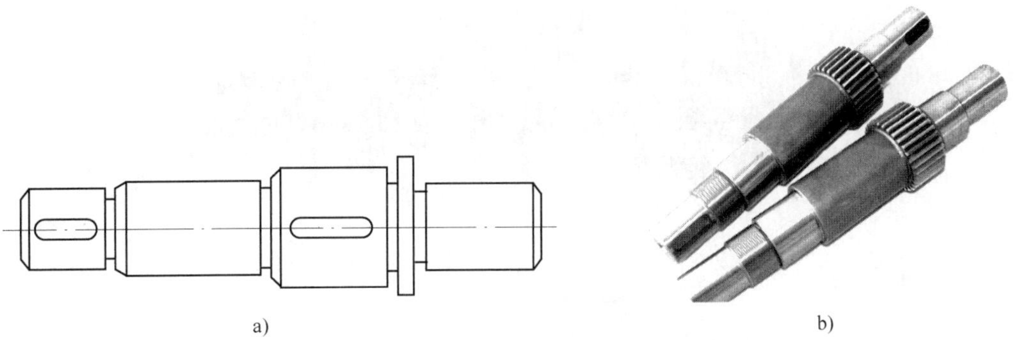

图 2-3　传动轴

a）结构图　b）实物图

图 2-4　心轴

3）转轴。转轴是指机器中最常见的轴，通常简称为轴。转轴工作时既承受弯矩，又承受转矩，如机床减速箱轴，如图 2-5 所示。

图 2-5　转轴

（2）按轴线的形状分类

按轴线的形状不同，轴可分为直轴、曲轴和挠性轴，如图 2-6 所示。直轴又分为光轴和台阶轴两种。轴一般制成实心的，只有机器结构要求在轴内安装其他零件或为减轻轴的质量时，轴才制成空心的。

a)

b)

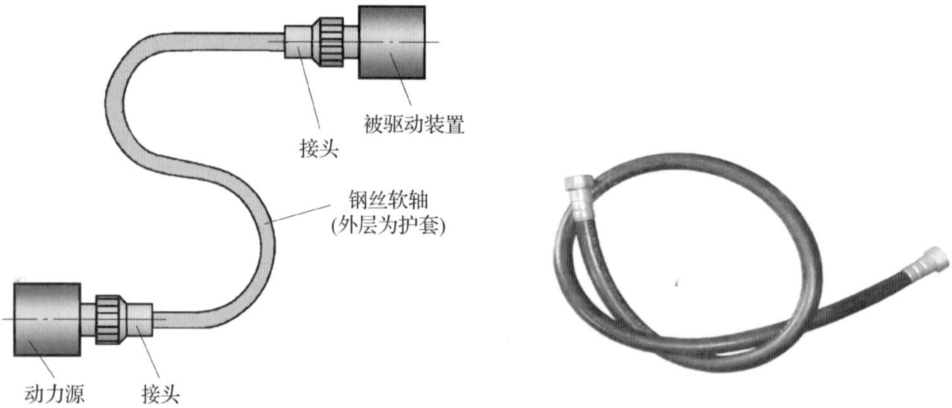

c)

图 2-6　按轴线形状划分轴

a）直轴　b）曲轴　c）挠性轴

二、轴的结构与轴上零件的定位和固定

1. 轴的结构

轴主要由轴颈、轴头和轴身三部分组成。轴上被轴承支承的部分称为轴颈；支承回转零件的部分称为轴头；连接轴颈和轴头的部分称为轴身；用作零件轴向固定的台阶部分称为轴肩；环形部分称为轴环，是指给轴上零件轴向定位的环状圆柱凸台，其作用与轴肩相同，如图 2–7 所示。

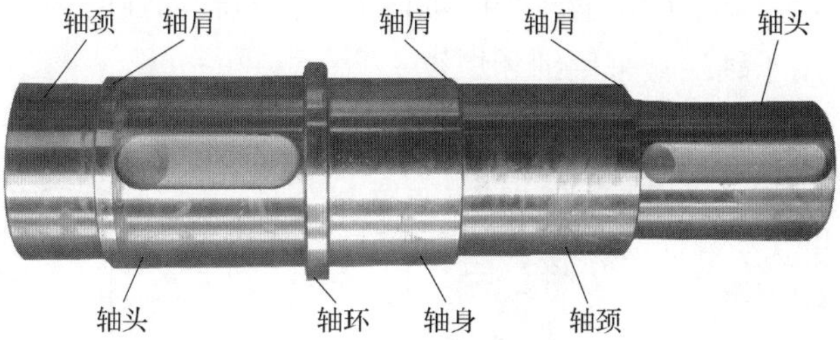

图 2–7　轴的结构

2. 轴上零件的定位和固定

为了保证机械的正常工作，应对轴上零件进行定位，使零件在轴上安装到位，保证其位置准确。同时，工作时零件与轴之间相对位置应保持不变，所以应对轴上零件进行固定。

（1）轴上零件的轴向定位与固定

轴上零件的轴向定位方法主要取决于它所受轴向力的大小。此外，还应考虑轴的制造、轴上零件拆装的难易程度及对轴强度的影响等因素。常用的有轴肩（轴环）、套筒、圆螺母、轴用弹性挡圈、紧定螺钉、轴端挡圈等。

轴肩与轴环定位如图 2–8 所示，其结构简单、可靠，能承受较大的轴向力。

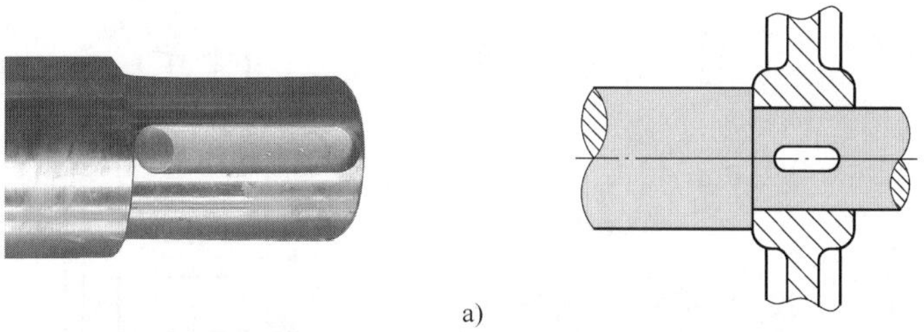

a)

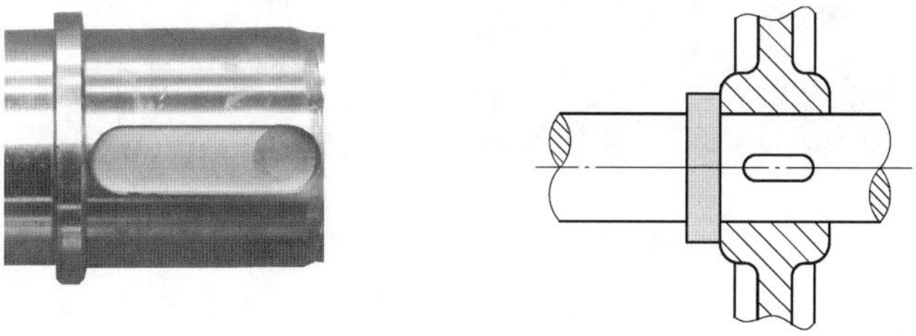

b)

图 2–8　轴肩与轴环定位

a）轴肩定位　b）轴环定位

套筒定位如图 2–9 所示。套筒定位是借助位置已确定的零件来定位的，套筒的两端面为定位面。套筒定位结构简单、可靠，装拆方便，能承受较大的轴向力，一般用于轴上两零件间的距离不大处，但由于轴和套筒配合较松，因此不宜用于高速轴。

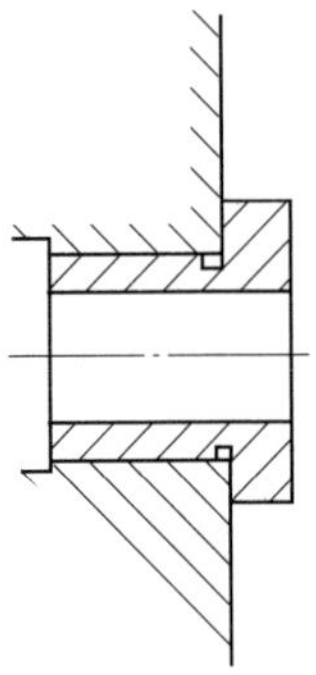

图 2–9　套筒定位

圆螺母定位如图 2–10 所示。它适用于当轴上两零件间的距离较大且允许在轴上切削螺纹时，用圆螺母的端面压紧零件端面来定位。圆螺母定位可靠，能承受较大的轴向力，但对轴的强度削弱较大，所以多用于轴端且采用细牙螺纹。

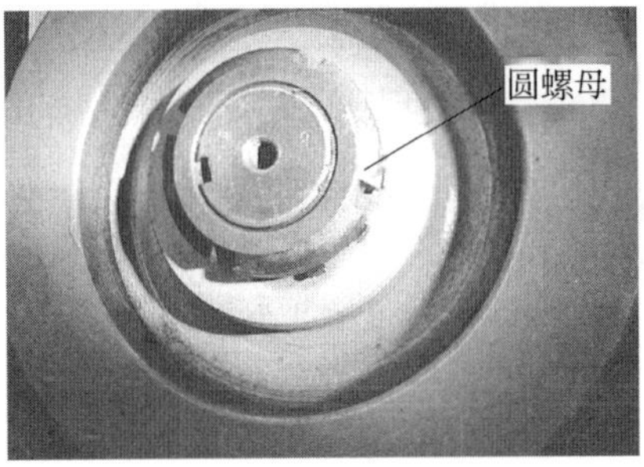

a)

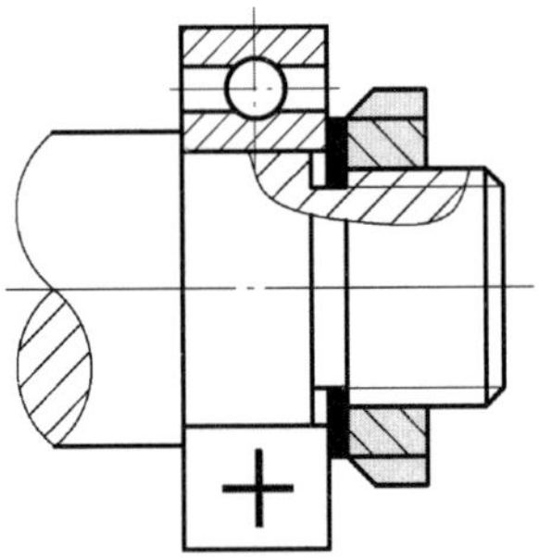

b)

图 2–10　圆螺母定位

a）实物图　b）装配图

轴用弹性挡圈定位（见图 2–11）是在轴上切出环形槽，将轴用弹性挡圈嵌入槽中，利用它的侧面压紧被定位零件的端面。其结构简单、紧凑，装拆方便，但对轴的强度削弱较大，只能承受较小的轴向力，可靠性差。

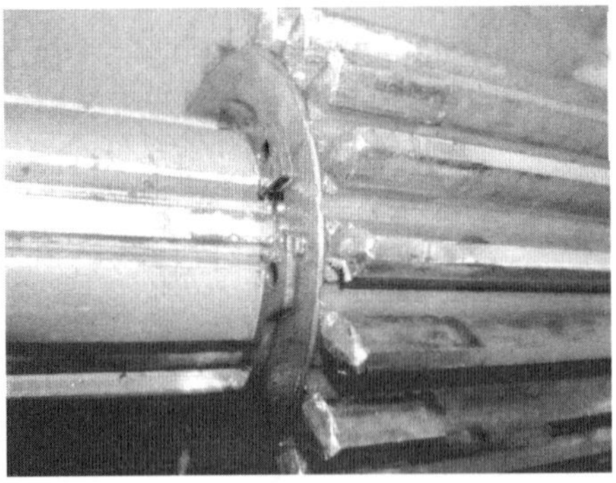

a)

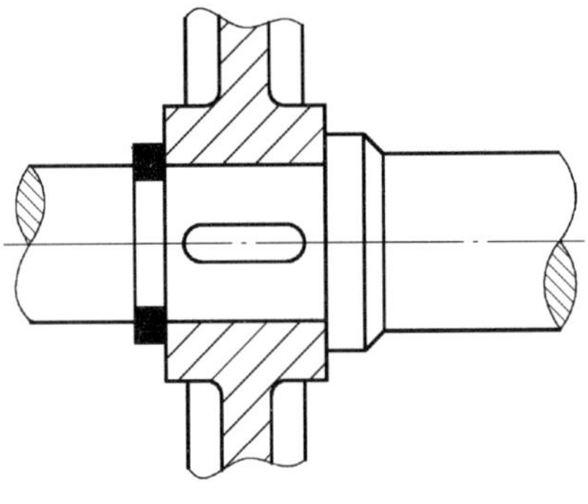

b)

图 2–11　轴用弹性挡圈定位

a）实物图　b）装配图

如图 2–12 所示为紧定螺钉定位，多用于光轴，兼具周向固定功用，能承受较小的轴向力，不宜用于高速轴。

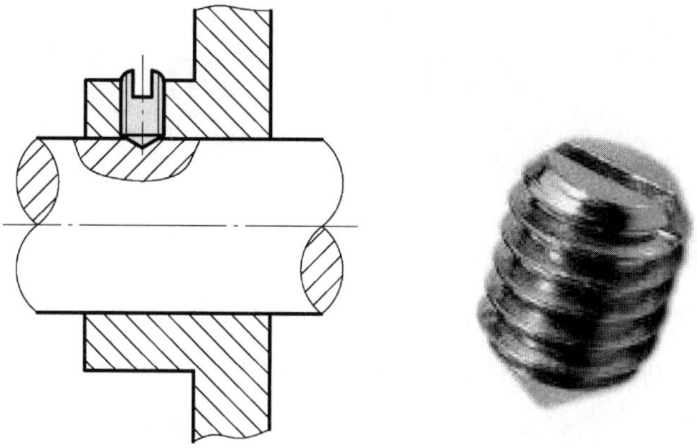

a)　　　　　　　　　　b)

图 2–12　紧定螺钉定位

a）装配图　b）实物图

当零件位于轴端时，可利用轴端挡圈或圆锥面加挡圈进行固定，如图 2–13 所示。

（2）轴上零件的周向定位与固定

轴上零件的周向定位与固定方法根据其传递转矩的大小和性质、零件对中精度的高低、加工难易程度等因素来选择。常用的方法有键连接、花键连接、销连接、过盈连接等，称为轴毂连接。

过盈连接（见图 2–14）是指利用轮毂和轴间的过盈配合形成的连接。由于材料具有弹性，故装配后在配合面间产生一定的径向压力，工作时靠此压力产生的摩擦力来传递转矩和轴向力。

图 2–13　轴端挡圈定位

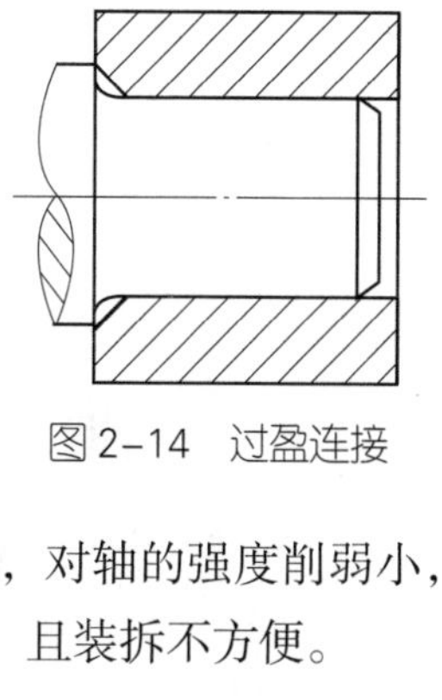

图 2–14　过盈连接

这种连接结构简单，定心性能较好。轴上不开孔和槽，对轴的强度削弱小，承载能力高，耐冲击性能好。但对配合面的加工精度要求较高，且装拆不方便。

第2节 轴 承

学习目标

1. 了解轴承的功用和类型。
2. 掌握滑动轴承和滚动轴承的分类与特点。
3. 了解滑动轴承和滚动轴承的润滑方式以及滚动轴承的密封。

轴承是支承轴的部件。根据工作时的摩擦性质，轴承可分为滑动摩擦轴承（简称滑动轴承）和滚动摩擦轴承（简称滚动轴承）。

一、滑动轴承

1. 滑动轴承的类型

滑动轴承的类型较多，按其承受载荷方向的不同，可分为径向滑动轴承、止推滑动轴承和径向止推滑动轴承。

（1）径向滑动轴承

径向滑动轴承承受径向载荷，按结构的不同，可分为整体式滑动轴承、剖分式滑动轴承和调心式滑动轴承。

1）整体式滑动轴承。如图 2–15 所示，整体式滑动轴承一般由轴承座、轴套等组成。轴承座上设有安装润滑油杯的螺孔。轴套上开有油孔，其内表面开有油槽。这种轴承结构简单，成本低，制造方便。缺点是轴套磨损后轴颈与轴套之间的间隙无法调整，只能更换轴套；同时，装拆时轴承与轴颈间必须有相对的轴向移动，导致装拆不便。因此，一般只用于低速、轻载或间歇工作的不重要场合。

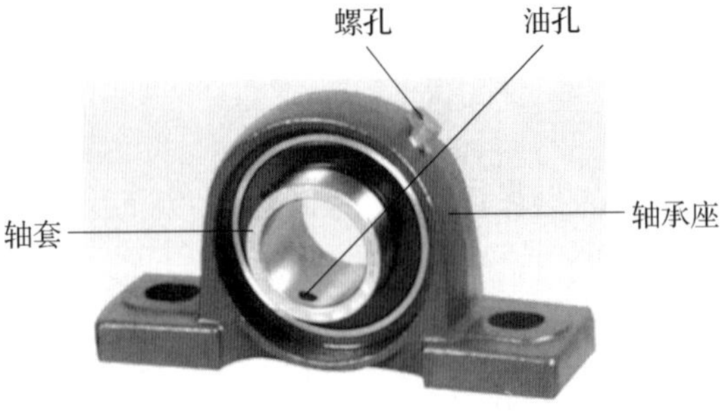

图 2–15 整体式滑动轴承

2）剖分式滑动轴承。如图 2–16 所示为剖分式滑动轴承。剖分式滑动轴承按剖分位置不同分为正剖分式滑动轴承和斜剖分式滑动轴承。剖分式滑动轴承由轴承座、轴承盖、下轴瓦、上轴瓦和双头螺柱或螺栓等组成。轴承盖上设有安装润滑油杯的螺孔，轴承座与轴承盖剖分面制成阶梯形定位止口，便于安装时对中。在该剖分面上增减垫片，即可调整工作后轴颈与轴瓦间的间隙。由于该轴承可调整间隙，便于装拆，故应用较广泛。

3）调心式滑动轴承。如图 2–17 所示，调心式滑动轴承将轴瓦的外表面制成凸球面，支承面制成凹球面，利用这一球面配合，可使轴瓦在一定角度范围内摆动，以自动适应轴或机架的变形。该轴承适用于轴承宽度 B 与轴颈直径 d 之比大于 1.5 的场合。

图 2–16　剖分式滑动轴承

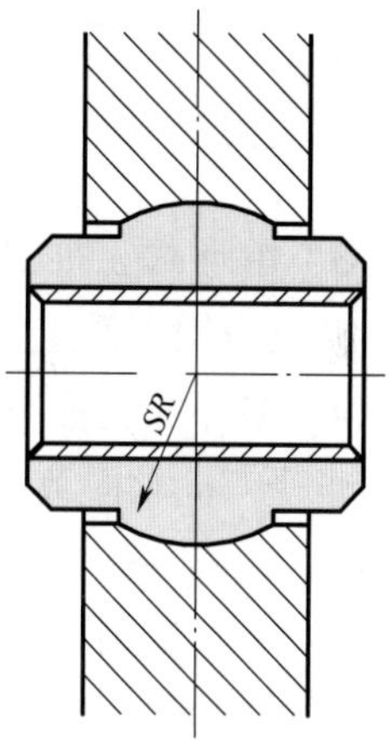

图 2–17　调心式滑动轴承

（2）止推滑动轴承

如图 2–18 所示，止推滑动轴承承受轴向载荷，它由止推轴瓦、轴承座、径向轴瓦组成。止推轴瓦的底部与轴承座为球面接触，可以自动调整位置，以保证摩擦表面的良好接触。销是用来阻止止推轴瓦随轴转动的。其止推面的结构有实心、空心、单环和多环等形式。

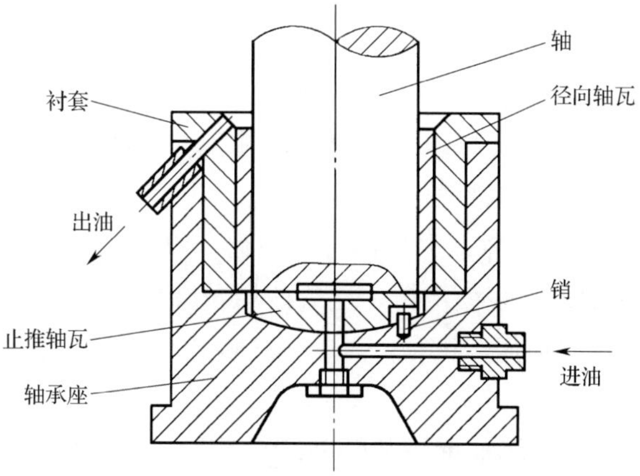

图 2–18　止推滑动轴承

1）实心式止推滑动轴承。如图 2–19 所示，实心式止推轴颈支承面上压强分布不均匀，中心处压强最大，导致支承面磨损不均匀，故较少使用。

2）空心式止推滑动轴承。如图 2–20 所示，空心式止推轴颈支承面上压强分布较均匀，工作情况较好，应用较广泛。

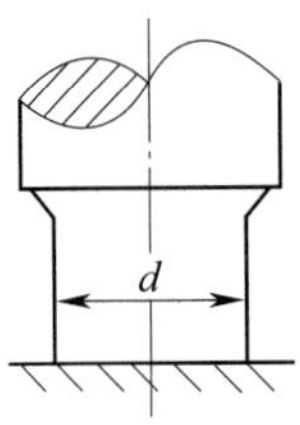

图 2–19　实心式止推面

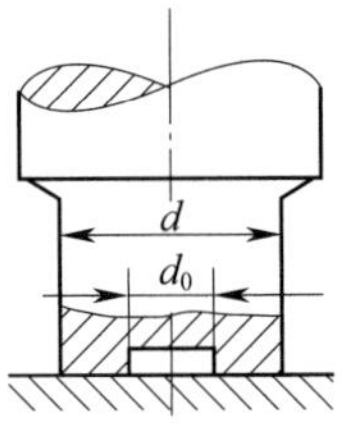

图 2–20　空心式止推面

3）单环式止推滑动轴承。如图 2–21 所示，单环式止推轴颈结构简单，润滑方便，广泛应用于低速、轻载的场合。

4）多环式止推滑动轴承。如图 2–22 所示，多环式止推轴颈可承受较大的载荷，还能承受双向轴向载荷。

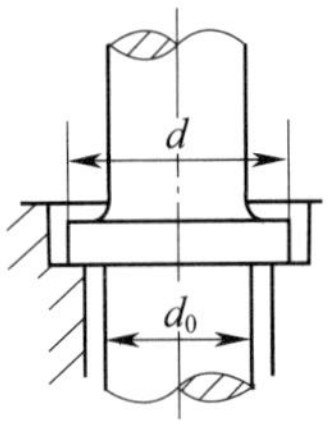

图 2–21　单环式止推面

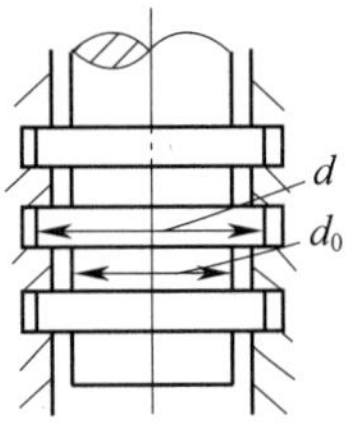

图 2–22　多环式止推面

2. 轴瓦的类型和结构

轴瓦是滑动轴承中直接与轴颈接触的零件。轴瓦应具有一定的强度和刚度，在轴承中定位可靠，应易于润滑剂进入及散热，装拆、调整方便。

（1）轴瓦的类型

常用的轴瓦有整体式轴瓦和剖分式轴瓦两种。

1）整体式轴瓦（轴套）。如图 2–23 所示，整体式轴承采用整体式轴瓦，整体式轴瓦又称轴套，有光滑轴套和带油槽轴套两种。

2）剖分式轴瓦。剖分式轴承采用剖分式轴瓦，如图 2–24 所示。为了改善轴瓦表面的摩擦性质，常在轴瓦内表面浇铸一层或两层减摩材料（轴承合金）作为轴承衬，称为双金属轴瓦或三金属轴瓦。

（2）轴瓦的结构

如图 2–25 所示，为了使轴承衬与轴瓦结合牢固，可在轴瓦基体内壁制出沟槽，使其与合金轴承衬结合更牢固。

图 2–23 轴套

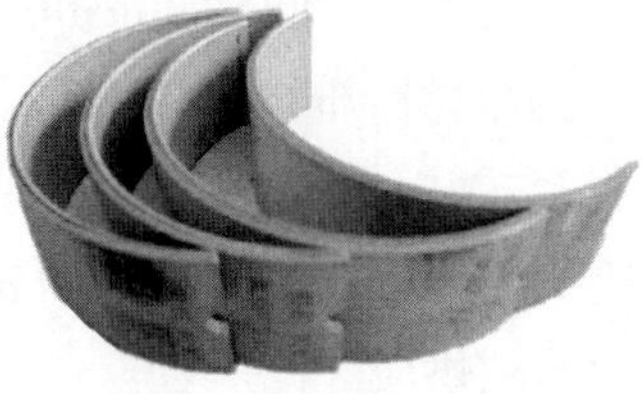

图 2–24 剖分式轴瓦

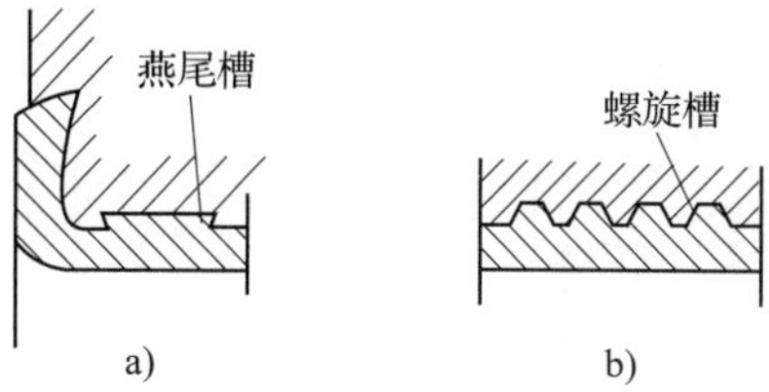

图 2–25 轴瓦基体沟槽形状

a）燕尾槽 b）螺旋槽

如图 2–26 所示，为了使润滑油能流到轴瓦的整个工作面上，轴瓦在非承载区应开设供油孔和油沟，油沟的轴向长度约为轴瓦长度的 80%，以便在轴瓦两端留出封油部分，防止润滑油流失。

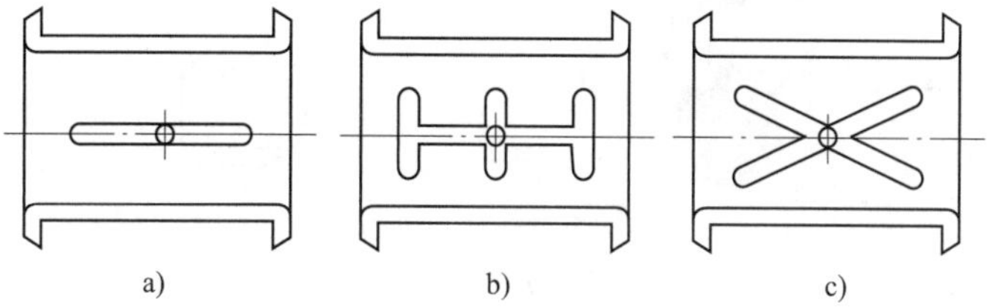

图 2–26 油沟

a）轴向油沟 b）轴向和周向油沟 c）斜向油沟

3. 滑动轴承的润滑

润滑的目的主要是降低摩擦阻力，减少磨损。此外，润滑还可以起到冷却、吸振、防锈和减少噪声的作用。

（1）润滑材料

常用润滑材料有润滑油、润滑脂和固体润滑剂（如石墨和二硫化钼等），还有用空气做润滑剂的。最普通的是润滑油，且以矿物油用得最多。

润滑油最主要的性能指标是黏度，这是选择轴承用润滑油的主要依据。例如，在压力大或冲击载荷等工作条件下，应选用高黏度润滑油；速度高时，为了减少摩擦损耗，应采用黏度较低的润滑油。

润滑脂的承载能力高，密封性能好，但摩擦阻力大。一般用于低速、带有冲击、不便经常加油和使用要求不高的场合。

（2）润滑方法

润滑方法主要有间歇润滑和连续润滑两种。

1）间歇润滑。间歇润滑靠人工定期注入润滑油。常用的间歇润滑装置有压配式注油杯、旋套式注油杯和旋盖式注油杯，如图 2-27 所示。这是较简单的供油方式，轴承只能得到间歇润滑，不能调节供油量，适用于低速、轻载及不重要的轴承。脂润滑只能采用间歇供应。

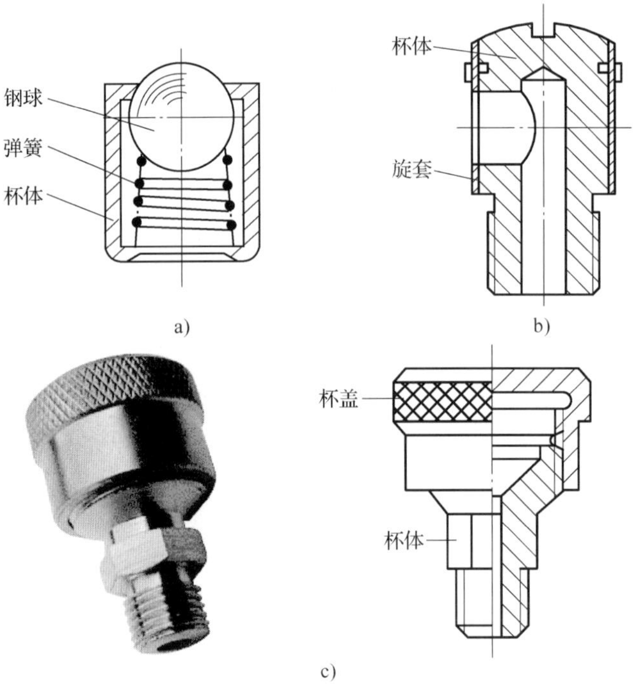

图 2-27　间歇润滑

a）压配式注油杯　b）旋套式注油杯　c）旋盖式注油杯

2）连续润滑。常用的连续润滑方式有滴油润滑、油环润滑、飞溅润滑和压力循环润滑。

如图 2-28a 所示的芯捻式油杯利用芯捻的毛细管作用连续滴油润滑。如图 2-28c 所示的针阀式注油杯也是常用的滴油润滑装置。当手柄竖起时针阀被提起，阀门打开，杯内的润滑油通过导油管的侧孔连续流入轴承，且可以通过调节螺母来调节油量。当手柄平放时，针阀被弹簧压下，阀门关闭，停止供油。

油环润滑如图 2-28b 所示，油环浸在油池中，运转时靠轴颈与油环接触处的摩擦力带动油环，把油带入轴承。

飞溅润滑以齿轮减速器为例，利用浸入油中的齿轮运转将油飞溅至箱壁，再流入轴承进行润滑。

压力循环润滑是利用液压泵循环给油，使用后的油液回到油箱，经冷却、过滤再重复使用。这种润滑方式安全可靠，但设备费用高。

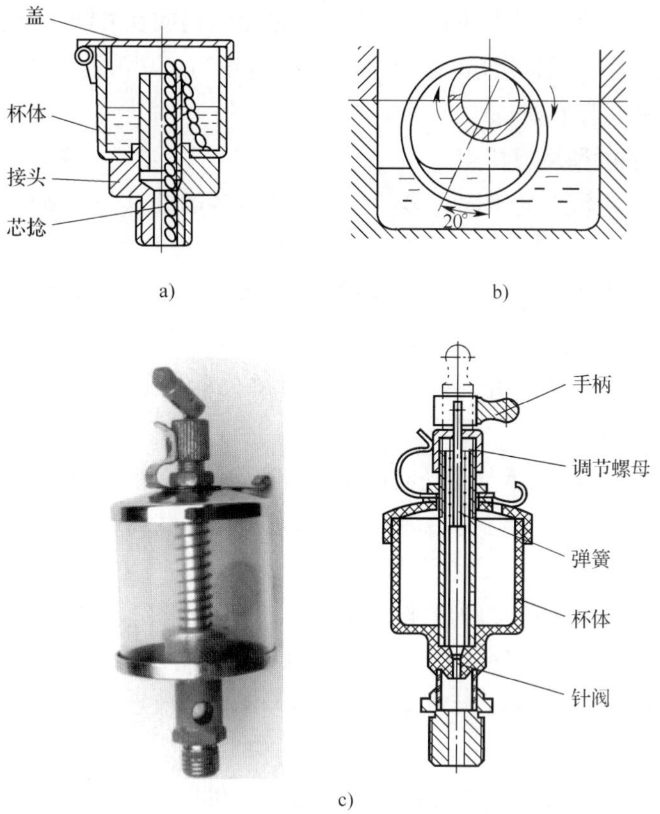

图 2-28　连续润滑

a）芯捻或纱线润滑　b）油环润滑　c）针阀式注油杯

二、滚动轴承

滚动轴承在机械中用量大，类型多，是由专门的轴承企业制造的标准组件。

1. 滚动轴承的基本结构

如图 2-29 所示，常见的滚动轴承由外圈、内圈、滚动体和保持架组成。内圈装在轴颈上，外圈装在机架孔（或零件的座孔）内。在内、外圈与滚动体接触的表面上有滚道，滚动体沿滚道滚动。保持架的作用是把滚动体隔开，使其均匀分布于座圈的圆周上，以防止相邻的滚动体在运动中接触而产生摩擦。

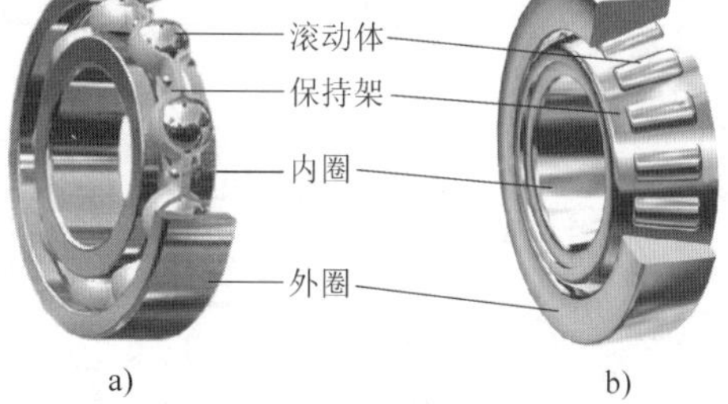

图 2-29　滚动轴承的基本结构

a）球轴承　b）滚子轴承

滚动轴承的内圈、外圈、滚动体应具有较高的硬度和接触疲劳强度、良好的耐磨性和冲击性能，一般用特殊轴承钢制造。滚动轴承的工作表面必须经磨削及抛光，以提高其接触疲劳强度。保持架多用低碳钢板通过冲压成形的方法制造，也可采用有色金属或塑料等材料。为适应某些特殊要求，有些滚动轴承还要附加其他特殊元件或采用特殊结构，如轴承无内圈或外圈、带有防尘密封结构或在外圈上加止动环等。滚动轴承具有摩擦阻力小、启动灵敏、效率高、旋转精度高、润滑简便和装拆方便等优点，被广泛应用于各种机器和机构中。

2. 滚动轴承的类型及其特点

滚动轴承按结构特点的不同有多种分类方法，各类轴承分别适用于不同载荷、转速和特殊需要。

（1）按所能承受载荷的方向或公称接触角 α 分为向心轴承和推力轴承。

公称接触角 α 是指滚动体与套圈接触处的公法线与轴承径向平面（垂直于轴承轴线的平面）之间的夹角。表 2-1 所列为按公称接触角 α 划分的滚动轴承的类型。

1）向心轴承。向心轴承分为径向接触轴承和向心角接触轴承。

径向接触轴承：公称接触角 $\alpha=0°$，主要承受径向载荷，有些可承受较小的轴向载荷。

向心角接触轴承：公称接触角 $0°<\alpha\leqslant45°$，同时承受径向载荷和轴向载荷。

2）推力轴承。推力轴承分为推力角接触轴承和轴向接触轴承。

推力角接触轴承：公称接触角 $45°<\alpha<90°$ 主要承受轴向载荷，可承受较小的径向载荷。

轴向接触轴承：公称接触角 $\alpha=90°$，只能承受轴向载荷。

表 2-1　按公称接触角 α 划分的滚动轴承的类型

轴承种类	向心轴承		推力轴承	
	径向接触轴承	向心角接触轴承	推力角接触轴承	轴向接触轴承
公称接触角 α	$\alpha=0°$	$0°<\alpha\leqslant45°$	$45°<\alpha<90°$	$\alpha=90°$
图例	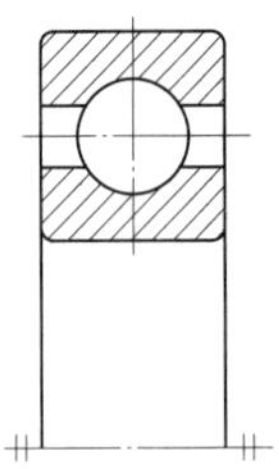	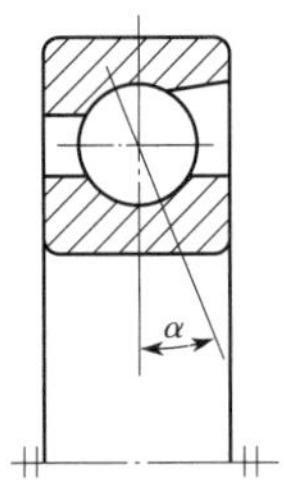	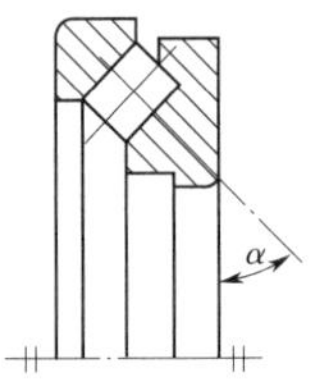	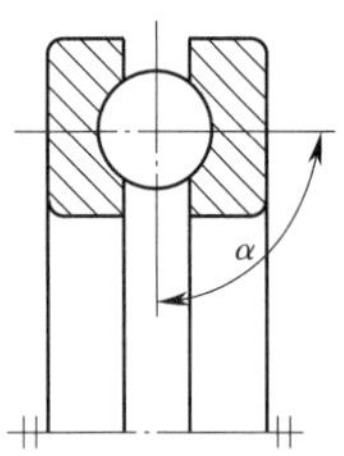

（2）按滚动体的种类分为球轴承和滚子轴承。

如图 2-30 所示，常见的滚动体有球、圆柱滚子、圆锥滚子、球面滚子、滚针等形状。

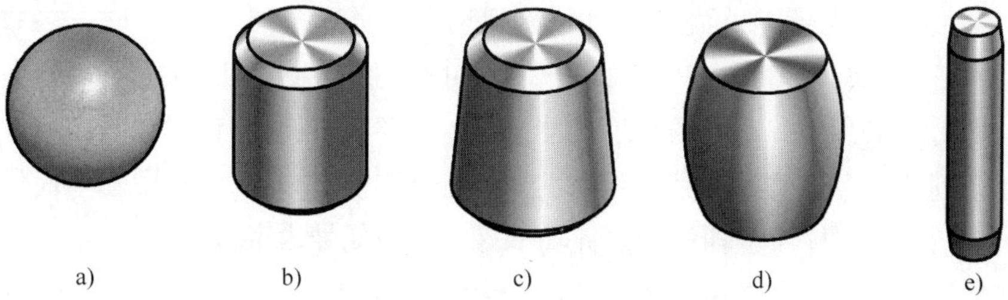

图 2–30　滚动体
a）球　b）圆柱滚子　c）圆锥滚子　d）球面滚子　e）滚针

球轴承的滚动体为球，球与滚道表面的接触为点接触；滚子轴承的滚动体为滚子，滚子与滚道表面的接触为线接触。按滚子的形状不同又可分为圆柱滚子轴承、滚针轴承、圆锥滚子轴承和调心滚子轴承等。

在外廓尺寸相同的条件下，滚子轴承比球轴承的承载能力和耐冲击性好，但球轴承摩擦小，高速性能好。

（3）按工作时能否调心还可分为调心轴承和非调心轴承。

3. 常用滚动轴承的类型、代号和特性

国家标准《滚动轴承　代号方法》（GB/T 272—2017）规定了滚动轴承及其分部件代号的编制方法。

滚动轴承的代号由基本代号、前置代号和后置代号构成，见表 2–2。

表 2–2　滚动轴承代号的构成

<table>
<tr><td colspan="6">轴承代号</td></tr>
<tr><td rowspan="4">前置代号</td><td colspan="4">基本代号</td><td rowspan="4">后置代号</td></tr>
<tr><td colspan="3">轴承系列</td><td rowspan="3">内径代号</td></tr>
<tr><td rowspan="2">类型代号</td><td colspan="2">尺寸系列代号</td></tr>
<tr><td>宽度（或高度）系列代号</td><td>直径系列代号</td></tr>
</table>

基本代号是滚动轴承代号的基础，用来表示滚动轴承的基本类型、结构和尺寸。一般最多 5 位，如图 2–31 所示。

自右向左第一、第二两位数字表示滚动轴承的内径代号。结构和内径相同的滚动轴承在外径方面的变化系列用右起第三位数字表示，代号有 7、8、9、0、1、2、3、4、5，其外径尺寸按由小到大排列。结构、内径、直径系列都相同的滚动轴承，在宽度（或高度）方面的变化系列用右起第四位数字表示。宽度分为 8、

图 2–31　滚动轴承基本代号

0、1、2、3、4、5、6系列，宽度尺寸依次递增。当宽度系列为“0”时，多数滚动轴承代号“0”可省略，但圆锥滚子轴承宽度尺寸代号为“0”时，这个“0”是不可省略的。对推力轴承，配有不同的高度尺寸系列，代号有7、9、1、2，高度尺寸依次递增。直径系列代号和宽度系列代号统称为尺寸系列代号。类型代号用基本代号右起第五位数字表示（对圆柱滚子轴承和滚针轴承等，类型代号为字母）。

前置代号和后置代号是滚动轴承结构、形状、尺寸、公差、技术要求等有改变时，在其基本代号左、右添加的补充代号。其表示方法、含义、排列和编制规则可查阅相关国家标准。

不同类型的滚动轴承，其直径系列和宽度系列有特定的组合，可查阅GB/T 272—2017，例如：

30317表示尺寸系列代号为03，内径代号为17，查阅标准可知该轴承为公称内径 d=85 mm的圆锥滚子轴承。

7206表示尺寸系列代号为（0）2（0省略），内径代号为06，查阅标准可知该轴承为公称内径 d=30 mm的角接触球轴承。

表2-3所列为常用滚动轴承的类型、代号、特性和应用。

表2-3 常用滚动轴承的类型、代号、特性和应用

轴承类型		实物图	简图	承载方向	类型代号	极限转速	主要特性和应用
圆锥滚子轴承			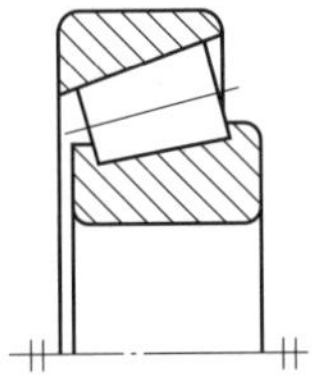	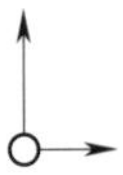	3	中	能承受较大的径向载荷和单向轴向载荷。内、外圈可分离，故轴承游隙可在安装时调整，通常成对使用，对称安装
推力球轴承	单向		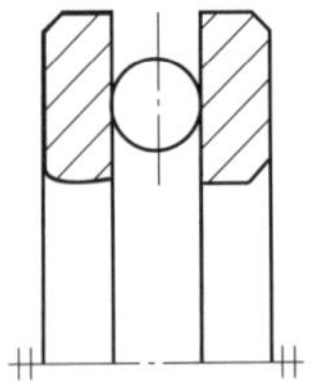		5	低	只能承受单向轴向载荷，适用于轴向力大而转速较低的场合
	双向	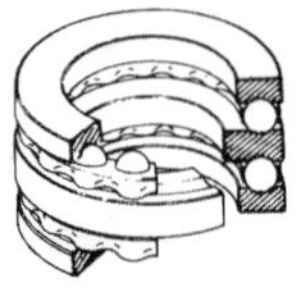	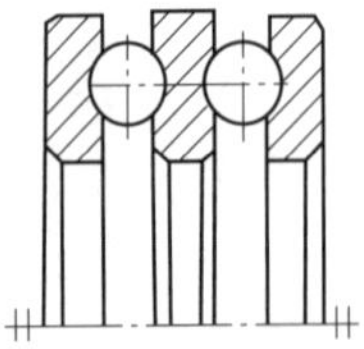	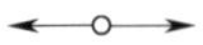			可承受双向轴向载荷，常用于轴向载荷大、转速不高的场合

续表

轴承类型	实物图	简图	承载方向	类型代号	极限转速	主要特性和应用
深沟球轴承		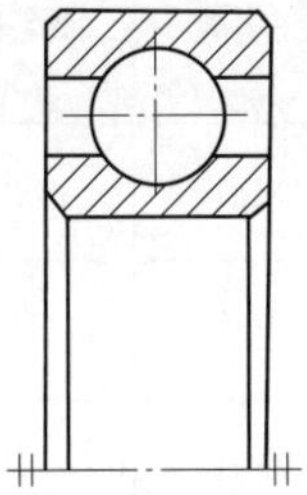	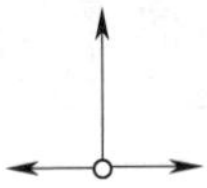	6	高	主要承受径向载荷，也可同时承受较小的双向轴向载荷。摩擦阻力小，极限转速高，应用最广泛
角接触球轴承 α =15°（C）、25°（AC）、40°（B）		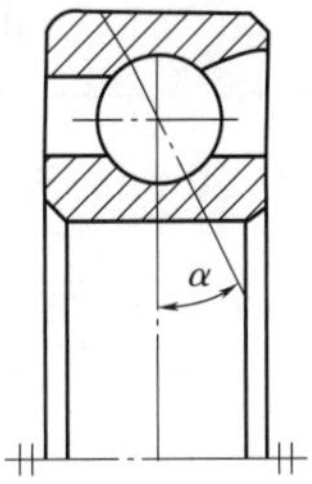		7	高	适用于转速较高、同时承受径向和轴向载荷的场合
圆柱滚子轴承		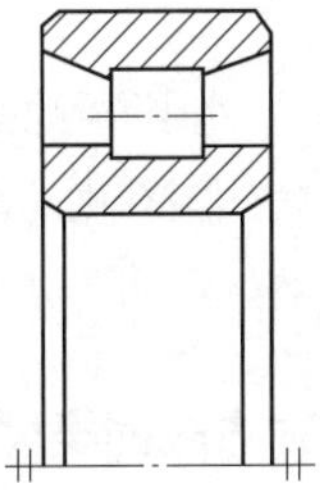		N	高	只能承受径向载荷，承受冲击载荷能力大
滚针轴承		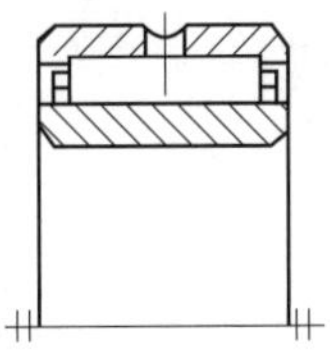		NA	低	只能承受径向载荷，径向尺寸特小，一般无保持架，因而滚针之间有摩擦，极限转速低

4. 滚动轴承的润滑和密封

（1）滚动轴承的润滑

滚动轴承常用的润滑剂有润滑脂、润滑油和固体润滑剂。润滑方式和润滑剂可根据轴颈的速度因数 dn 值来确定，d 为轴承内径（单位为 mm），n 为轴承转速（单位为 r/min）。表 2–4 列出了各种润滑方式下轴承允许的 dn 值。一般滚动轴承润滑剂为润滑脂。脂润滑适用于 dn 值较小的场合，其特点是润滑脂不易流失，便于密封，油膜强度较高，故能承受较大的载荷。

表 2-4　各种润滑方式下轴承允许的 *dn* 值　　mm · r/min

轴承类型	脂润滑	油润滑			
		油浴润滑	滴油润滑	循环油（喷油）润滑	喷雾润滑
深沟球轴承	160 000	250 000	400 000	600 000	>600 000
调心球轴承	160 000	250 000	400 000	500 000	—
角接触球轴承	160 000	250 000	400 000	600 000	>600 000
圆柱滚子轴承	120 000	250 000	400 000	600 000	>600 000
圆锥滚子轴承	100 000	160 000	230 000	300 000	—
调心滚子轴承	80 000	120 000	200 000	250 000	—
推力球轴承	40 000	60 000	120 000	150 000	—

（2）滚动轴承的密封

对滚动轴承进行密封是为了阻止灰尘、水和其他杂物进入轴承，并阻止润滑剂流失。滚动轴承的密封一般分为接触式密封、非接触式密封和组合式密封。滚动轴承常用密封方式的类型、结构及其应用见表 2-5。

表 2-5　滚动轴承常用密封方式的类型、结构及其应用

密封类型	图例		应用	说明
接触式密封	毛毡圈密封	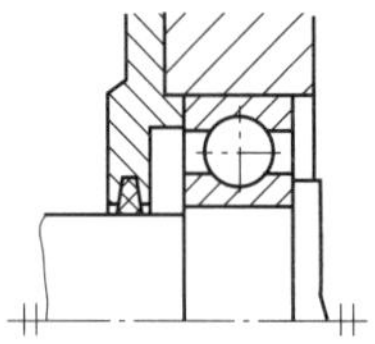	采用脂润滑。要求环境清洁，轴颈圆周速度不大于 5 m/s，工作温度不高于 90 ℃	矩形断面的毛毡圈被安装在梯形槽内，它对轴产生一定的压力而起密封作用
	皮碗密封	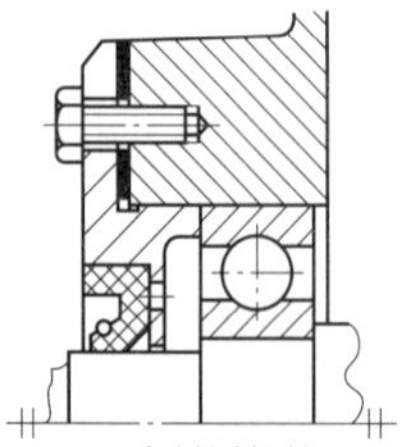 密封唇朝外 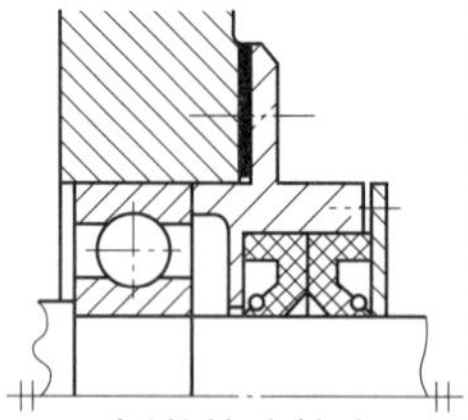 密封唇朝向轴承	采用脂润滑或油润滑。圆周速度小于 7 m/s，工作温度不高于 100 ℃	皮碗是标准件，密封唇朝向轴承，可防止漏油；密封唇朝外，可防止灰尘、杂质进入

续表

密封类型	图例		应用	说明
非接触式密封	油沟式密封	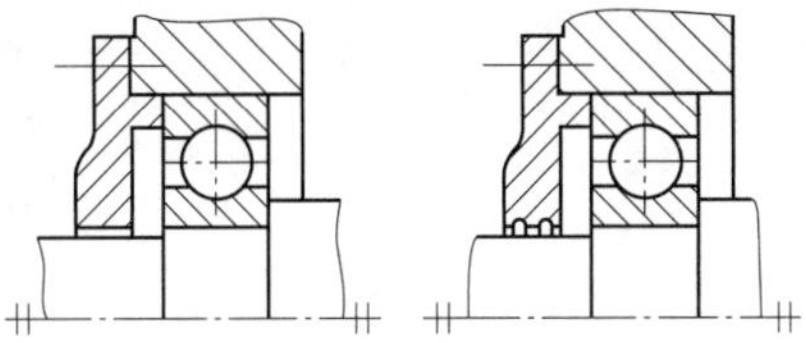 无环形槽　有环形槽	采用脂润滑。适用于干燥、清洁的环境	靠轴与盖间的细小环形间隙密封，间隙越小、越长，效果越好，间隙为0.1～0.3 mm。在端盖内孔制出环形槽，并充满润滑脂，可改善密封效果
	迷宫式密封	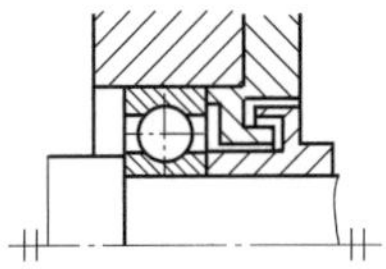	采用脂润滑或油润滑。密封效果可靠	将旋转件与静止件之间的间隙做成迷宫形式，在间隙中充填润滑油或润滑脂，以加强密封效果
组合式密封	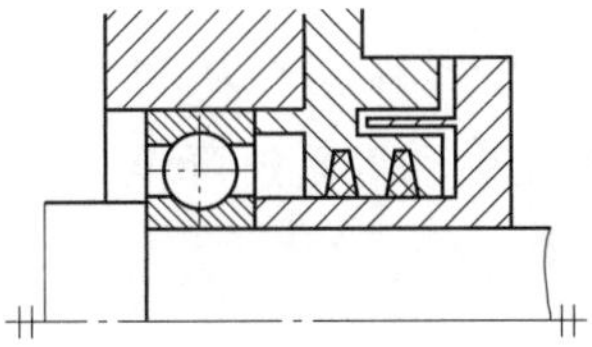		采用脂润滑或油润滑	毛毡加迷宫形成组合式密封，可充分发挥各自的优点，改善密封效果

第3节　弹　　簧

学习目标

1. 了解弹簧的功用。

2. 掌握弹簧的分类和圆柱形螺旋弹簧的应用。

一、弹簧的功用和分类

1. 弹簧的功用

弹簧是机械设备中广泛应用的弹性元件，它在外载荷作用下能够产生弹性变形，弹簧的这种性质使它具有下述各种不同的功用。

（1）减振和缓冲

如图 2–32 所示，汽车利用减振或缓冲弹簧以减少振动，缓和冲击。

（2）测量力的大小

如图 2–33 所示的测力弹簧秤用于测量力的大小。

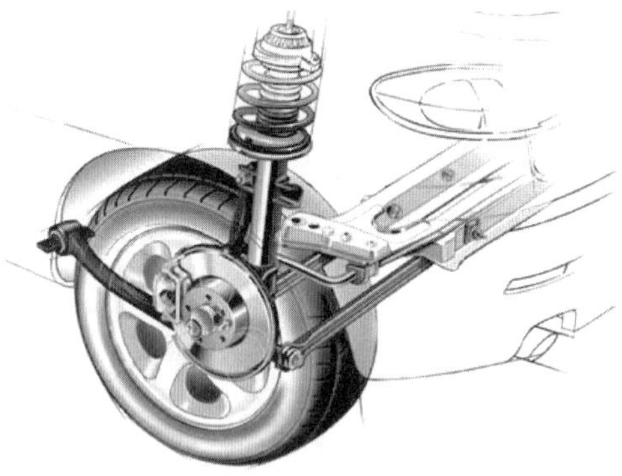

图 2–32　用于减振、缓冲的汽车弹簧

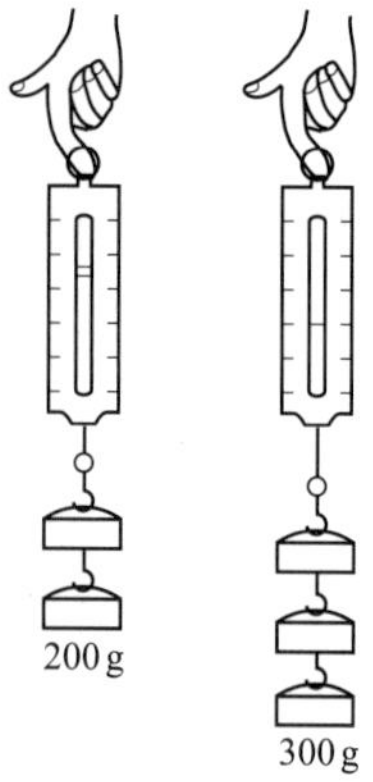

图 2–33　测力弹簧秤

（3）储存及释放能量，完成一定动作

如图 2–34 所示的钟表发条弹簧用于储存及释放能量，带动机芯转动。

（4）控制机构运动

如图 2–35 所示，离合器弹簧拉紧压块，使其压紧在从动件上。当主动件转速超过一定值时，受离心力作用，压块松开；而在主动件转速降低到一定限度时，弹簧收缩，使压块压紧从动件，达到一定转速下分离和接合的目的。

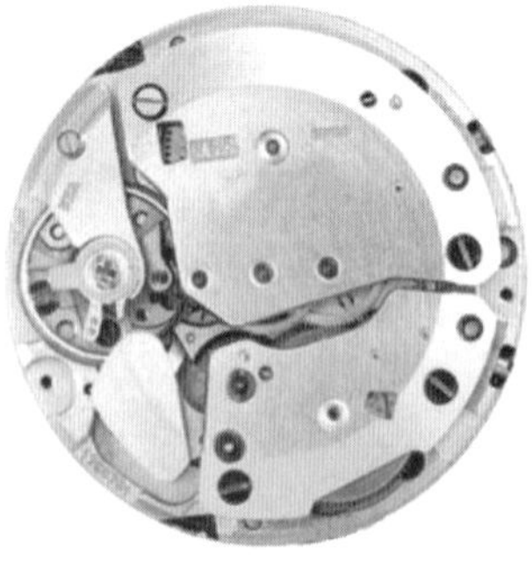

图 2–34　钟表发条弹簧

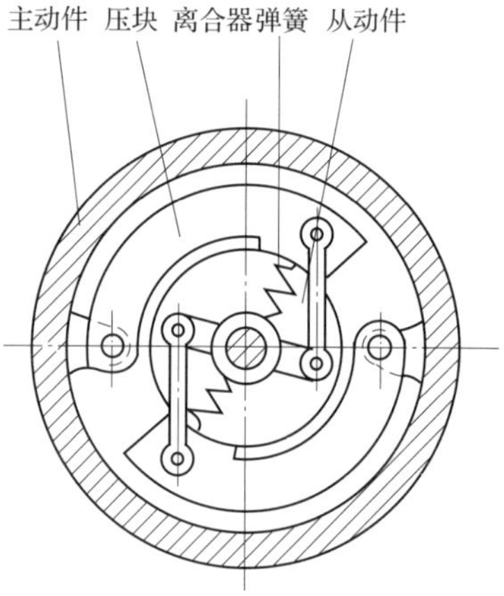

图 2–35　离合器弹簧

2. 弹簧的分类

弹簧根据所受载荷的不同，可以分为拉伸弹簧、压缩弹簧、扭转弹簧、弯曲弹簧四种；根据弹簧的形状不同，可以分为螺旋弹簧、环形弹簧、碟形弹簧、盘簧、板簧等，其基本类型见表 2–6。

表 2-6　弹簧的基本类型

按形状分	按所受载荷分			
	拉伸弹簧	压缩弹簧	扭转弹簧	弯曲弹簧
螺旋形	圆柱形螺旋拉伸弹簧 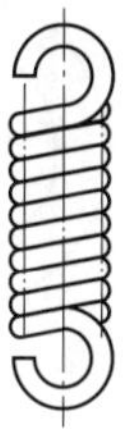	圆柱形螺旋压缩弹簧 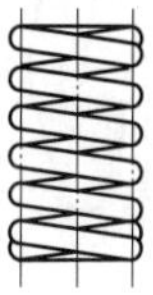 圆锥形螺旋压缩弹簧 	圆柱形螺旋扭转弹簧 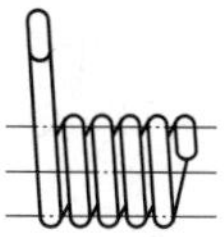	
其他形状		环形弹簧 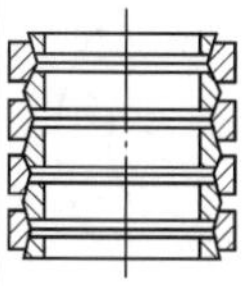 碟形弹簧 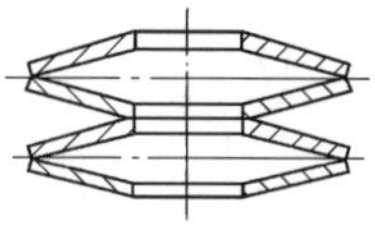	蜗卷形盘簧 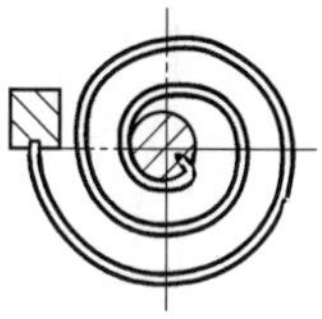	板簧 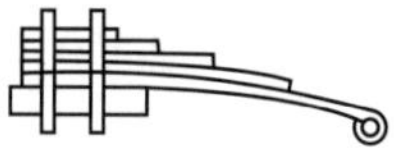

二、圆柱形螺旋弹簧

在一般机械中，最常用的是圆柱形螺旋弹簧。圆柱形螺旋弹簧由弹簧钢丝绕成圆柱螺旋形制造而成。根据功用不同，圆柱形螺旋弹簧分为压缩弹簧、拉伸弹簧和扭转弹簧三种，其中压缩弹簧和拉伸弹簧应用最为广泛，如图 2-36 所示。

a)　　b)　　c)

图 2-36　圆柱形螺旋弹簧

a）压缩弹簧　b）拉伸弹簧　c）扭转弹簧

1. 压缩弹簧

压缩弹簧的两端各有 0.75 ~ 1.25 圈与弹簧座相接触的支承圈，俗称死圈，是支承弹簧用的，在弹簧变形时它不变形。如图 2–37 所示，死圈与它的邻圈有并紧磨平（Y Ⅰ型）、不并紧磨平（Y Ⅱ型）、不并紧不磨平（Y Ⅲ型）三种类型，重要的弹簧应采用并紧磨平的类型（Y Ⅰ型）。

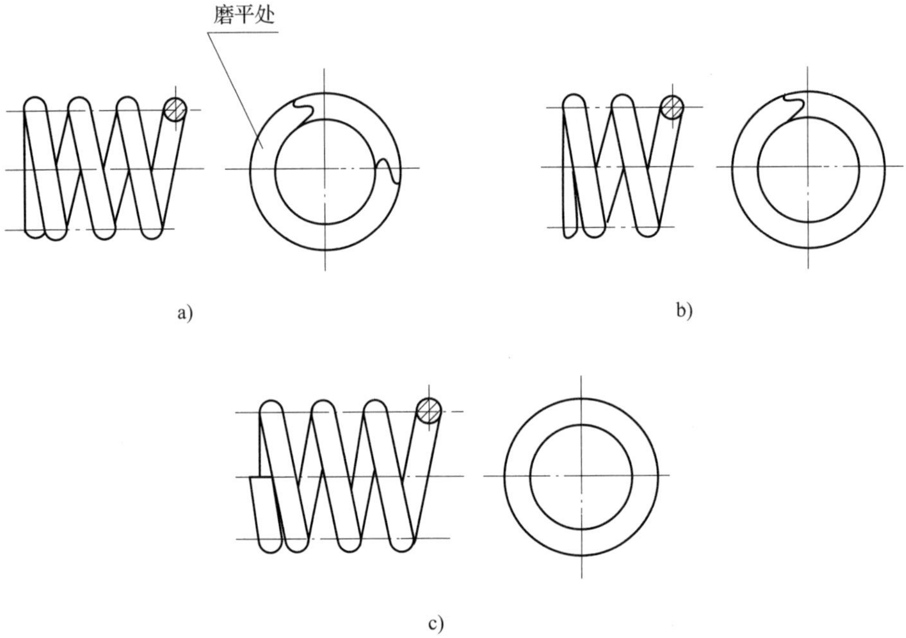

图 2–37　圆柱形压缩弹簧的支承圈

a）YⅠ型　b）YⅡ型　c）YⅢ型

如图 2–38a 所示，压缩弹簧在安装及使用中可能产生失稳现象，需要加装图 2–38b 所示的导杆或图 2–38c 所示的导筒，以保证压缩弹簧稳定工作。

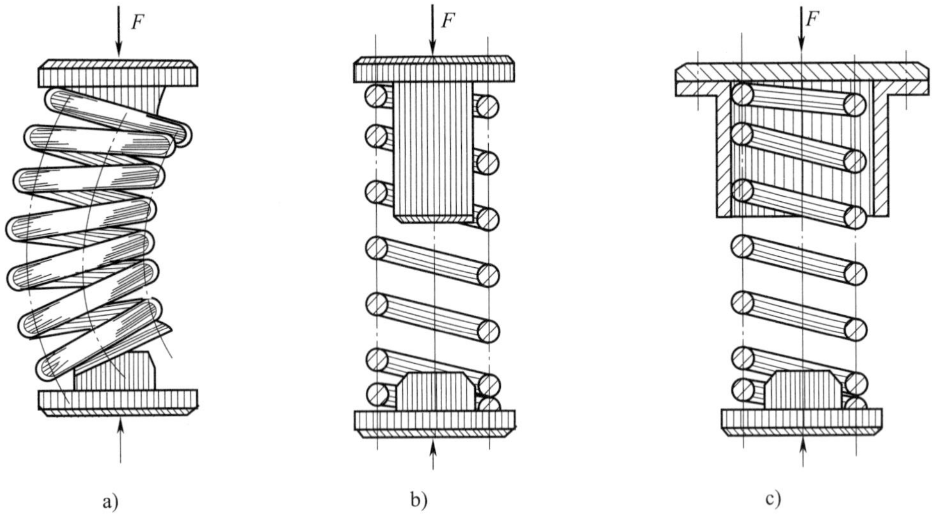

图 2–38　压缩弹簧失稳与稳定

a）失稳　b）加装导杆　c）加装导筒

2. 拉伸弹簧

拉伸弹簧端部应做成挂钩。挂钩形式很多，如图 2-39 所示的弹簧制造方便，使用较广泛。

图 2-39 拉伸弹簧

第3章 联轴器、离合器、制动器

第1节 联 轴 器

学习目标

1. 掌握联轴器的功用。
2. 熟悉联轴器的种类及其适用范围。

一、联轴器的功用

联轴器是常用机械部件。它用于连接两轴，使其一起旋转并传递转矩，有时也可用作安全装置，以防止机械过载。联轴器只有在机械停止后才能将连接的两轴分离。

二、联轴器的种类及其适用范围

联轴器按照有无弹性元件，能否缓冲、吸振分为刚性联轴器和弹性联轴器两大类，其中刚性联轴器又按照能否补偿轴线偏移分为固定式刚性联轴器和可移式刚性联轴器两类。

1. 刚性联轴器

（1）固定式刚性联轴器

固定式刚性联轴器主要包括套筒联轴器和凸缘联轴器两种。

1）套筒联轴器。如图3–1所示，它采用一公用套筒及键或销等连接方式将两轴连接。这种联轴器的结构简单，径向尺寸小，制作方便。但其装配、拆卸时需做轴向移动，仅适用于两轴直径较小、同轴度精度较高、轻载荷、低转速、无振动、无冲击、工作平稳的场合。

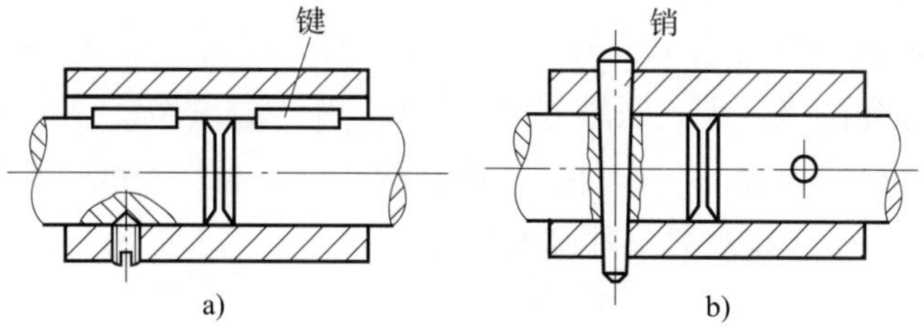

图 3–1　套筒联轴器

a）用键连接　b）用销连接

2）凸缘联轴器。如图 3–2 所示，凸缘联轴器由两个通过键与轴连接的带凸缘的半联轴器用一组螺栓连成一体。图 3–2a 所示结构采用一个半联轴器上的凸缘肩和另一个半联轴器上的凹槽对中，依靠两半联轴器接触面间的摩擦力传递转矩，两半联轴器用普通螺栓连接。图 3–2b 所示结构采用铰制孔螺栓对中，直接利用螺栓与螺栓孔壁之间的挤压传递转矩。凸缘联轴器使用方便，能传递较大转矩。安装时对中性要求高，主要用于刚度较高、转速较低、载荷较平稳的场合。

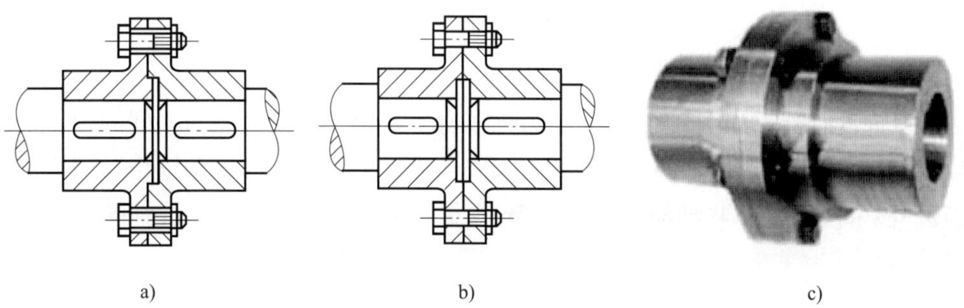

图 3–2　凸缘联轴器

a）利用凸缘肩与凹槽对中　b）采用铰制孔螺栓对中　c）实物图

（2）可移式刚性联轴器

可移式刚性联轴器有十字滑块联轴器、齿式联轴器和万向联轴器等。

1）十字滑块联轴器。如图 3–3 所示，它由两个端面上开有凹槽的半联轴器和一个两面带有互相垂直的凸起的中间滑块组成。工作时若两轴不同轴，则中间滑块可在半联轴器的凹槽内滑动，从而补偿两轴的径向位移。十字滑块联轴器适用于轴线间相对位移较大、无剧烈冲击且转速较低的场合。

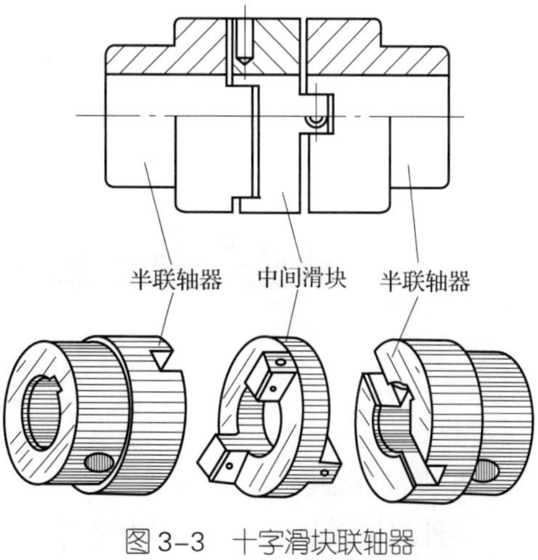

图 3–3　十字滑块联轴器

2）齿式联轴器。如图 3–4 所示，齿式联轴器由两个带有内齿的外壳和两个带有外齿的套筒组成，两外壳在凸缘处用螺栓连成一体，工作时通过内齿和外齿的相互啮合传递转矩。由于齿轮间留有间隙，外齿轮的齿顶做成球面，且球面中心位于轴线上，故能补偿两轴的综合位移。齿式联轴器结构紧凑，有较大的综合补偿能力，由于是多齿同时啮合，故承载能力大，工作可靠，但其制造成本高，一般适用于启动频繁、经常变换正转和反转、传递运动要求准确的场合。

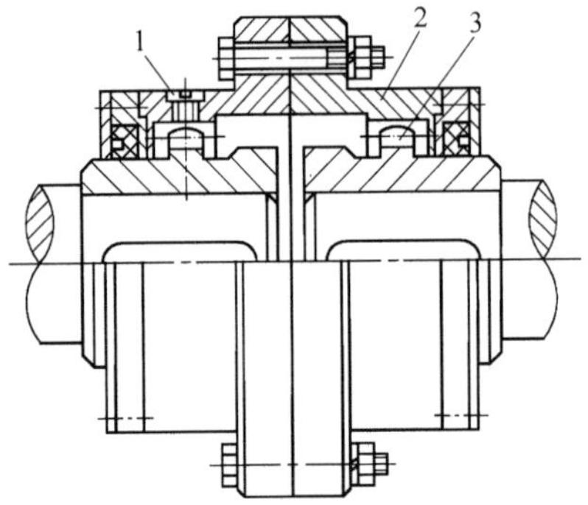

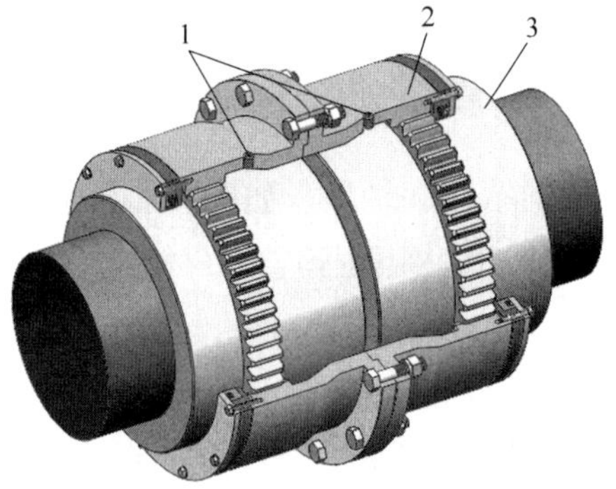

图 3–4　齿式联轴器

a）结构图　b）立体图

1—注油孔　2—带有内齿的外壳　3—带有外齿的套筒

3）万向联轴器。如图 3–5a 所示，万向联轴器由两个轴叉分别与中间的十字轴以铰链相连，万向联轴器两轴间的夹角可达 45°。为保证从动轴与主动轴均以同一角速度旋转，应采用双万向联轴器，如图 3–5b 所示。万向联轴器适用于两轴间有较大角位移的场合。

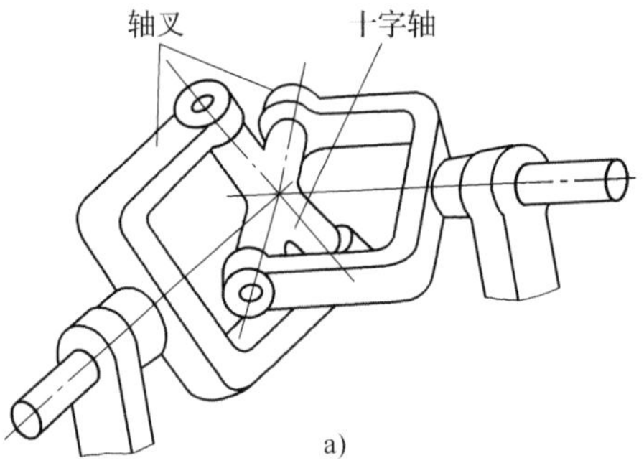

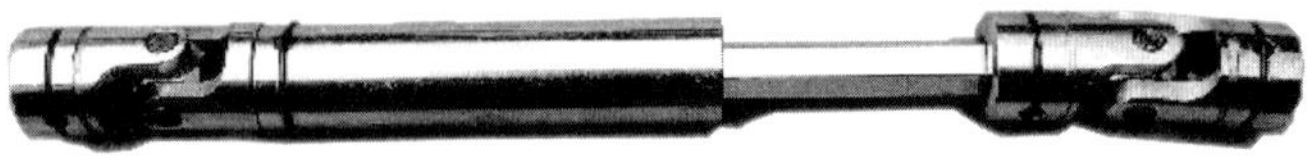

图 3–5　万向联轴器

a）结构图　b）双万向联轴器

2. 弹性联轴器

弹性联轴器分为弹性套柱销联轴器和弹性柱销联轴器两种。

（1）弹性套柱销联轴器

弹性套柱销联轴器如图 3-6 所示，其结构与凸缘联轴器相似，只是用套有橡胶弹性套的柱销取代了螺栓。利用弹性套的弹性变形可以补偿两轴的偏移，还可以吸收及减小振动、缓和冲击。弹性套柱销联轴器结构简单，安装方便，适用于转速较高、有振动、双向运动、启动频繁、转矩不大的场合。

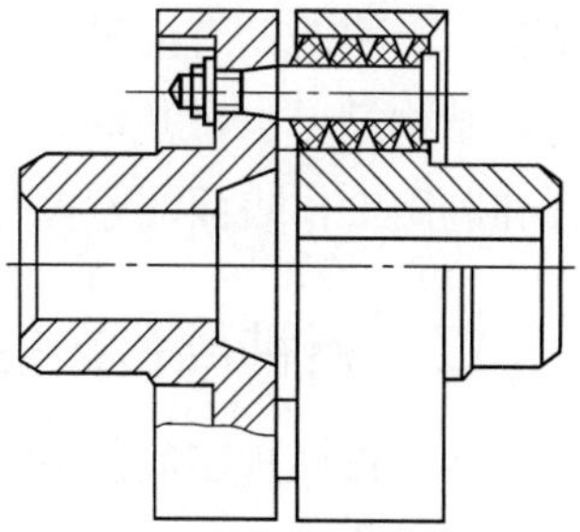

图 3-6　弹性套柱销联轴器

（2）弹性柱销联轴器

弹性柱销联轴器如图 3-7 所示，这种联轴器采用弹性柱销（如尼龙柱销）将两个半联轴器连接起来，为防止柱销滑出，在其两侧装有挡圈。这种联轴器的结构与弹性套柱销联轴器类似，且该联轴器更换柱销方便，但对偏移量的补偿不大。

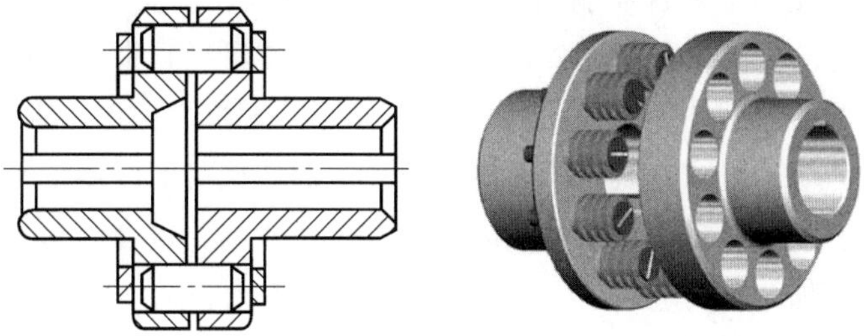

a)　　b)

图 3-7　弹性柱销联轴器

a）结构图　b）实物图

第2节　离　合　器

学习目标

1. 掌握离合器的功用。
2. 熟悉各种离合器的工作过程。

一、离合器的功用

离合器与联轴器功用相同，用于连接两轴，使其一起旋转并传递转矩，有时也可用作安全装置，以防止机械过载。离合器与联轴器的区别在于：离合器可以在机械的运转过程中根据需要使两轴随时接合或分离。

离合器在工作时需随时分离或接合被连接的两根轴，不可避免地要遇到受摩擦、受热、受冲击、磨损等情况，因此要求离合器接合平稳，分离迅速，操纵省力且方便，同时结构简单，散热好，耐磨损，使用寿命长，离合器传递转矩的方式有利用机械啮合和利用工作表面的摩擦等。

二、各种离合器的工作过程

按工作原理不同，离合器可分为嵌合式离合器和摩擦离合器两类。

1. 嵌合式离合器

嵌合式离合器依靠机械啮合实现传动，有牙嵌式、齿式、销式、拉键式和转键式等多种形式，其中常见的是牙嵌式离合器。

如图 3–8a 所示，嵌合式离合器由两个端面带牙的半离合器组成，两半离合器分别与主动轴和从动轴用键连接，工作时利用操纵机构移动滑环，使两半离合器沿导向型滑键做轴向移动，使两半离合器端面上的牙接合或分离，从而起到离合作用。为了保证两轴线的同轴度，在半离合器上装有对中环，从动轴可在其中自由转动。

嵌合式离合器的牙型如图 3–8b 所示，有三角形、矩形、梯形、锯齿形等。其中三角形牙型可双向传动，但转速低，传递转矩小；矩形牙型可双向传动，传递转矩较大，但需在静止状态下操纵；梯形牙型可双向传动，转速较高，接合容易，传递转矩较大，可补偿磨损后的牙侧间隙，应用较广泛；锯齿形牙型单向传动，转速较高，接合容易。

嵌合式离合器结构简单，外廓尺寸小，两轴无相对滑动，转速准确，但转速差大时不易接合。

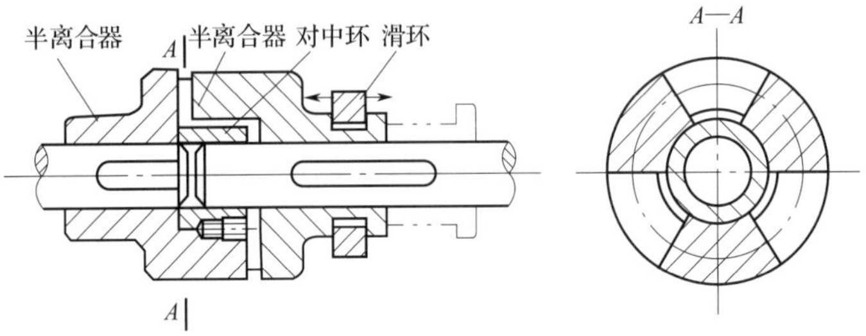

a)

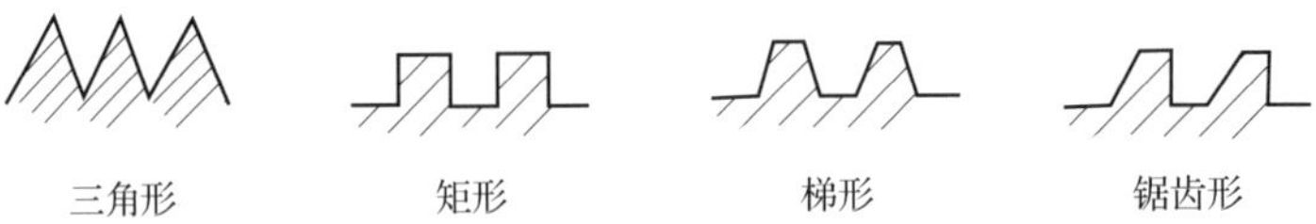

b)

图 3–8　嵌合式离合器

a）结构图　b）牙型

2. 摩擦离合器

摩擦离合器分为单片式和多片式两种。

（1）单片圆盘摩擦离合器

如图 3–9 所示，两摩擦圆盘分别用普通型平键和导向型平键与主动轴、从动轴连接，工作时对滑环施加推力，使从动摩擦盘左移与主动摩擦盘接触，从而产生摩擦力，这种摩擦离合器传递的转矩较小，若在工作时过载，则摩擦片打滑，可防止其他零件损坏，能起到过载保护作用。

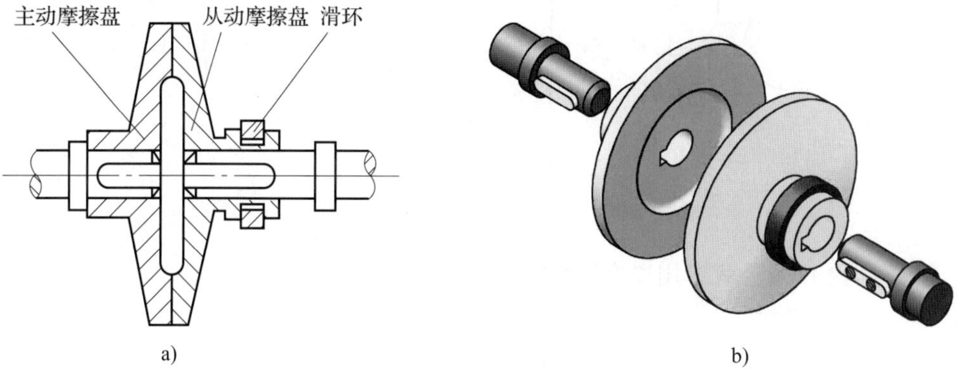

图 3–9　单片圆盘摩擦离合器

a）结构图　b）分解图

（2）多片圆盘摩擦离合器

如图 3–10 所示，多片圆盘摩擦离合器有两组摩擦片。外摩擦片与外套筒、内摩擦片与内套筒分别用花键相连，外套筒、内套筒分别用平键与主动轴和从动轴相固定。当滑环由操纵机构控制沿轴向左移时，压下曲臂压杆，使内、外摩擦片相互压紧，离合器接合。当滑环右移时，曲臂压杆右移，内、外摩擦片松开，离合器分离。圆形螺母可调节内、外两组摩擦片的间隙，以控制压紧力的大小。多片式摩擦离合器传递转矩的大小随轴向压力和摩擦力及摩擦片对数的增加而增大，但片数过多会影响分离动作的灵活性，一般为 10 ~ 15 对。

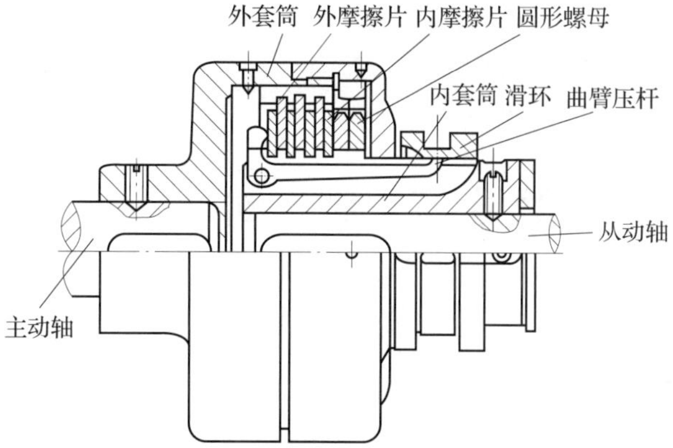

图 3–10　多片圆盘摩擦离合器

摩擦离合器摩擦片的形状如图 3–11 所示，有带外齿的外摩擦片和带凹槽的内摩擦片，碟形内摩擦片受压时可被压平而与外摩擦片贴紧，卸压后由于弹力作用可恢复原形，使其与外摩擦片迅速脱开。

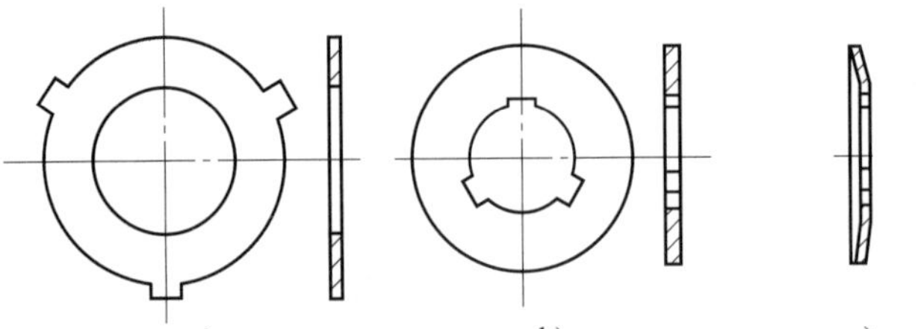

图 3–11　摩擦离合器摩擦片的形状

a）外摩擦片　b）内摩擦片　c）碟形内摩擦片

如图 3–12 所示为汽车用离合器摩擦片。

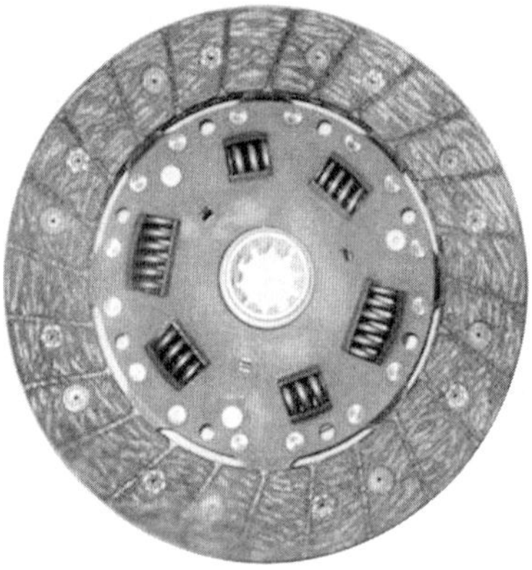

图 3–12　汽车用离合器摩擦片

摩擦离合器与嵌合式离合器相比，可在任何转速条件下接合，且接合平稳，无冲击，过载时会自动打滑，可起到安全保护作用，其工作灵活，调节方便，应用广泛。

第 3 节　制　动　器

学习目标

1. 掌握制动器的功用。
2. 熟悉各种制动器的工作过程。

一、制动器的功用

制动器就是通常所说的闸，一般利用摩擦力使物体降低速度或停止运动。

二、制动器的工作过程

制动器主要分为外抱块式制动器、内张蹄式制动器和带式制动器三种。

1. 外抱块式制动器

外抱块式制动器又称闸瓦制动器，如图 3–13 所示，它由制动轮、闸瓦块、弹簧、制动臂、推杆和松闸器等组成，由弹簧通过制动臂和闸瓦块使制动轮经常处于制动状态。当松闸器通电时，电磁力操纵推杆将制动臂推向两侧，闸瓦块与制动轮松开，解除制动。松闸器也可用液压、气压或人力等方式操纵。通电时松闸，断电时闭合的制动器称为常闭式制动器，适用于起重设备等。制动器也可设计成常开式的，即通电时制动，断电时松闸。常开式制动器适用于车辆等的制动。如图 3–14 所示为汽车钳式制动器。

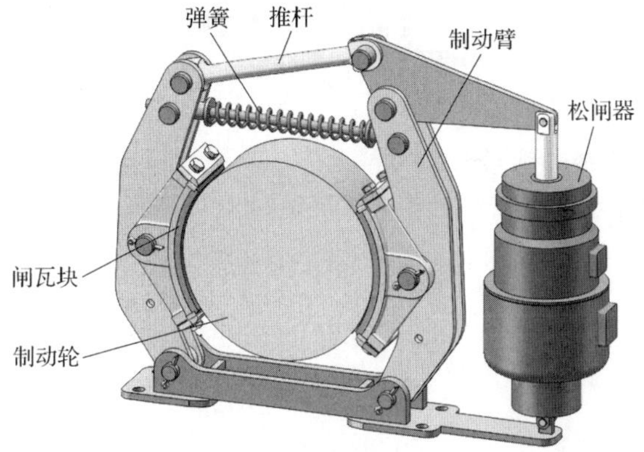

图 3–13　外抱块式制动器

图 3–14　汽车钳式制动器

2. 内张蹄式制动器

内张蹄式制动器如图 3–15 所示，它由销轴、制动蹄、摩擦片、双向液压缸、弹簧、制动轮毂等组成。当压力油进入双向液压缸后，推动左、右两个活塞克服弹簧的作用使左、右制动蹄压紧制动轮毂，从而达到制动的目的。油路卸压后，弹簧使制动蹄与制动轮毂分离而松闸。内张蹄式制动器具有体积小、结构紧凑的特点。

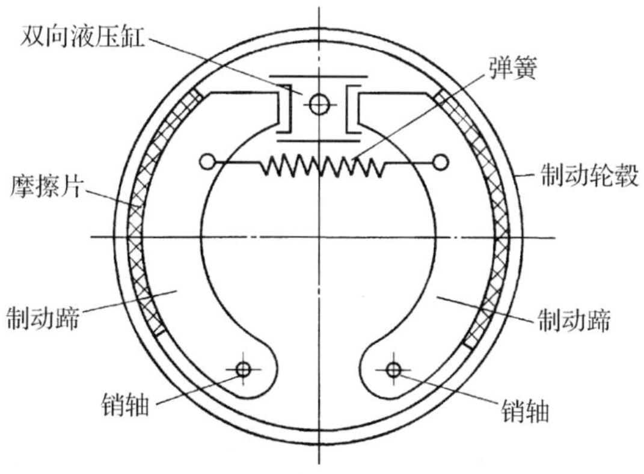

图 3–15　内张蹄式制动器

3. 带式制动器

带式制动器如图 3–16 所示，由制动轮、制动带、杠杆等组成，当杠杆上作用外力 F 时，使制动带压紧制动轮而达到制动的目的。为增加摩擦作用，制动带上一般衬有石棉、橡胶和皮革等材料。带式制动器结构简单，成本低，可实现小转矩的制动。

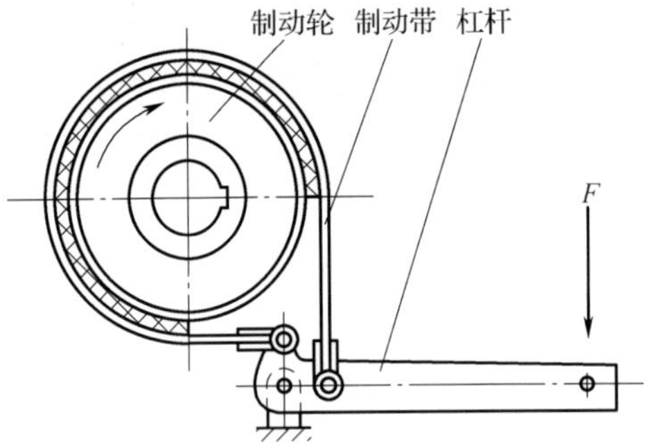

图 3–16　带式制动器

a）结构图　b）实物图

第 4 章

常用机构

由两个或两个以上构件通过活动连接形成的机械系统称为机构，机构是机器实现机械运动必不可少的组成部分。常用机构有平面连杆机构、间歇运动机构和凸轮机构等。

第 1 节　平面机构概述

学习目标

1. 掌握零件、构件、机构和机器的概念。
2. 掌握运动副的概念及分类。
3. 了解平面机构运动简图的绘制。

一、机器和机构

在日常生活和工作中，经常使用的各种生产工具、加工设备等通常被人们称为机器。例如，汽车、洗衣机、缝纫机等都是最常见、最普通的机器。机械是机器和机构的总称。

1. 零件

从制造角度看，机器是由若干个零件组成的。零件是机器组成中不可拆分的最小单元。因此，零件是机器的制造单元。通用零件是指在各种类型的机械中普遍使用的零件，如螺钉、齿轮等；专用零件是指只能用于某些特定类型的机械中的零件，如内燃机中的活塞、曲轴等，如图 4–1 所示。

a)　　b)　　c)　　d)

图 4–1　零件示例

a）螺钉　b）齿轮　c）活塞　d）曲轴

2. 构件

由一个或几个零件刚性地连接在一起，作为一个整体而运动，这一个整体就称为一个构件。这些刚性连接在一起的零件之间不能产生任何相对运动，构件是机器组成中最基本的运动单元。如图 4–2 所示，发动机中的连杆就是由连杆体、连杆盖、螺栓和螺母等零件刚性地连接在一起的构件。在运动过程中，这个构件就是一个独立的运动单元。

3. 机构

机构是由两个或两个以上构件通过活动连接而形成的，它的主要功用在于传递运动或转换运动形式，但它不能做机械功，也不能转换能量。例如，发动机中的活塞、连杆、曲轴及机体组合成一个机构，称为活塞连杆机构（又称曲柄连杆机构），如图 4–3 所示，它能实现曲轴的转动与活塞往复移动的相互转换。

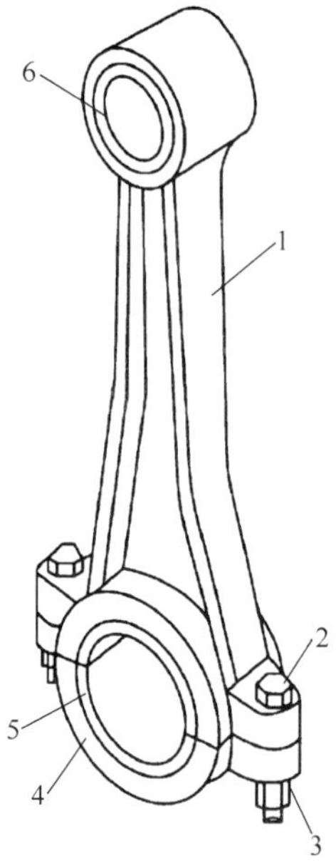

图 4–2　连杆的组成

1—连杆体　2—螺栓　3—螺母　4—连杆盖　5—轴瓦　6—青铜连杆衬套

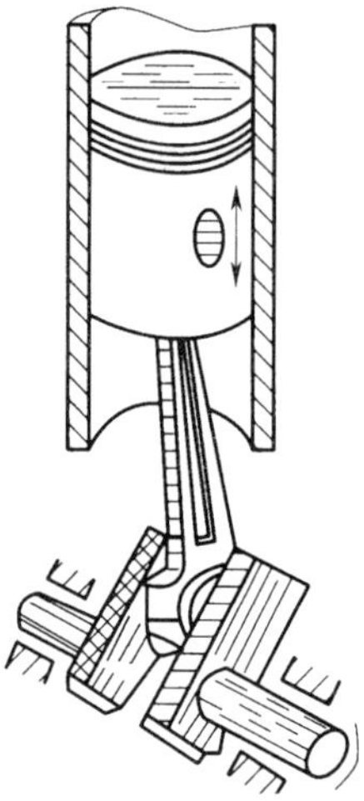

图 4–3　曲柄连杆机构

4. 机器

尽管机器种类繁多，构造、性能和用途各异，但它们之间却存在着一些共同的特征。

特征一：都是人为的实体组合。

特征二：各实体间存在确定的相对运动，能够实现预期的机械运动。

特征三：能实现能量的转换或做机械功。

只有具备了以上三个特征的方可称为机器，机构仅具备机器的前两个特征，机器是由机构组成的。如图 4–4 所示的内燃机由曲柄连杆机构、配气凸轮机构和齿轮机构组成。其中，活塞、连杆、曲轴、气缸体等组成了曲柄连杆机构，将燃料燃烧时体积迅速膨胀而使活塞产生的往复直线运动转换成曲轴的转动；凸轮轴、气门、气缸体等组成了配气凸轮机构，将凸轮的连续转动转换成气门的往复移动，使进、排气门开启和关闭；曲轴和凸轮轴一侧的正时齿轮与气缸体组成了齿轮机构，用以保证曲柄连杆机构和配气凸轮机构的协调动作。正是上述机构的配合工作最终使内燃机将燃料燃烧产生的热能转换成机械能向外输出。

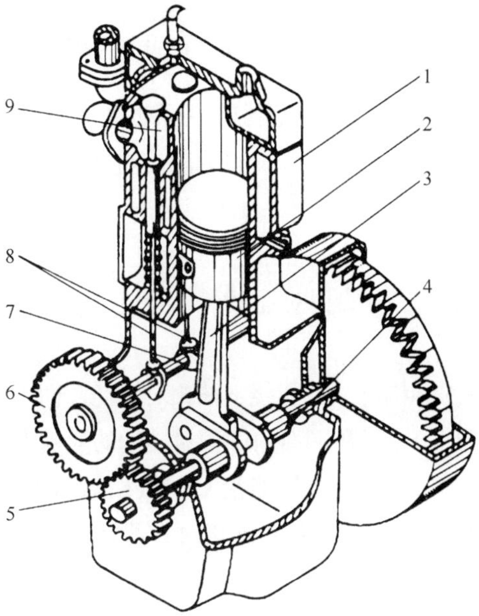

图 4–4　内燃机

1—气缸体　2—活塞　3—连杆　4—曲轴　5—曲轴正时齿轮

6—凸轮轴正时齿轮　7—凸轮轴　8—推杆　9—气门

如果不考虑能量转换和做功方面，仅从结构和运动角度来看，机器和机构并无差别，因此，在工程上习惯将机器和机构统称为机械。

二、平面机构运动副和运动简图

1. 运动副及其分类

从运动角度看，机构是由构件组合而成的，每一个构件都以一定的方式与其他构件相连接。但这种连接不同于螺纹连接，也不同于焊接、铆接等之类的刚性连接，它既要求对彼此连接的两构件的运动加以限制，又要允许它们之间产生相对运动。这种两个构件直接接触又能产生一定相对运动的连接方式称为运动副。

如图 4–5 所示，图 4–5a 为轴承中的滚动体与内、外圈的滚道，图 4–5b 为啮合中的一对齿廓，图 4–5c 为滑块与导槽，三个图中的两个构件均保持直接接触，并产生一定的相对运动，因而它们都构成了运动副。

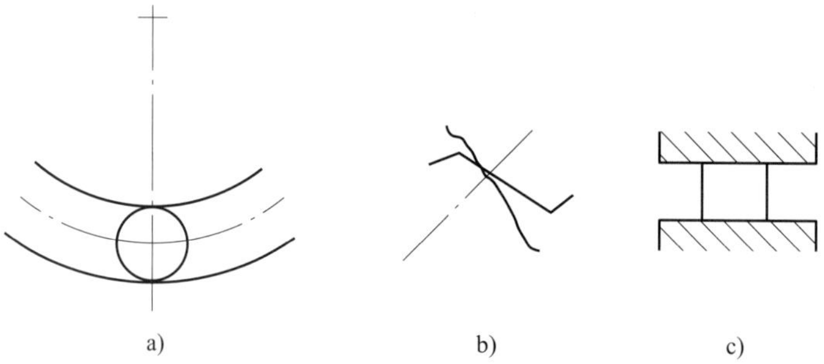

图 4–5　运动副

a）轴承中的滚动体与内、外圈的滚道　b）啮合中的一对齿廓　c）滑块与导槽

运动副的两构件接触形式不同，其限制的运动也不同，其接触形式主要包括点、线、面三种。其中两构件通过面接触形成的运动副称为低副，两构件通过点或线接触形成的运动副称为高副。

（1）平面低副

根据组成低副的两构件之间的相对运动是转动还是移动，低副又可分为转动副和移动副。

如图 4–6 所示，构件 1 和构件 2 只能绕 x 轴相对转动，而不能产生相对移动，这种组成运动副的两构件只能绕某一轴线在平面内做相对转动的运动副称为转动副，又称铰链。

如图 4–7 所示，构件 1 和构件 2 只能沿 x 轴做相对直线运动，而不能相对转动，这种组成运动副的两构件只能沿某一方向做相对直线运动的运动副称为移动副。

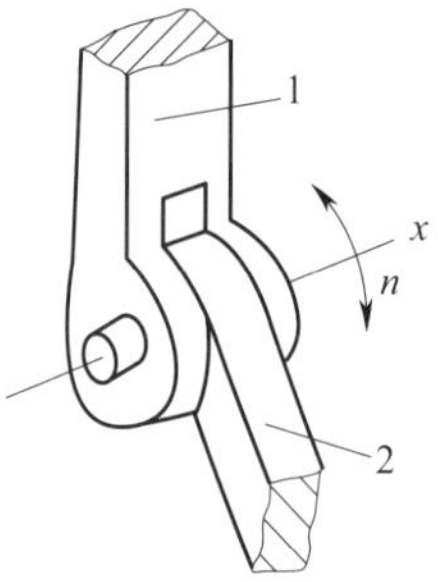

图 4–6　转动副

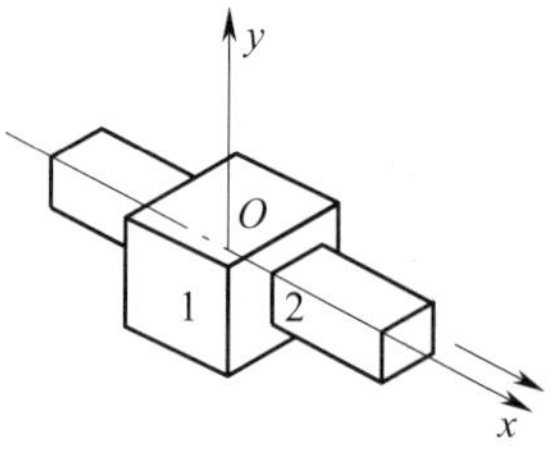

图 4–7　移动副

（2）平面高副

如前所述，组成高副的两构件是通过点或线接触的，如图 4–8a 所示的车轮与钢轨，图 4–8b 所示的齿轮与齿轮的啮合都属于线接触的高副，图 4–8c 所示的凸轮与从动件属于点接触的高副。

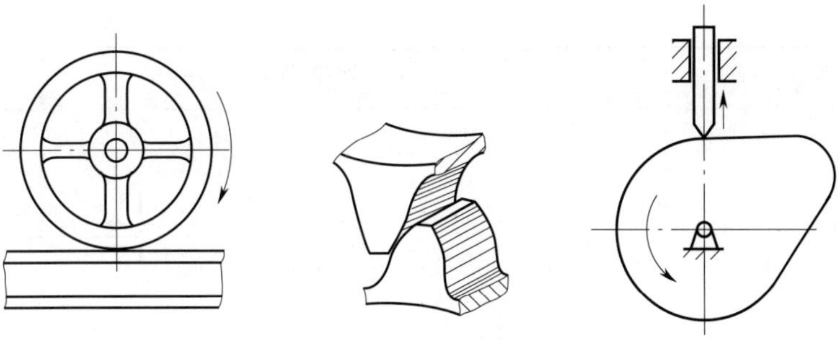

a)　　　　b)　　　　c)

图 4-8　高副

a）、b）线接触的高副　c）点接触的高副

2. 平面机构的运动简图

构件和运动副是机构的组成要素，构件的数量、运动副的类型和数目以及它们之间的相对位置会对机构的运动特性产生影响，而构件的形状、截面尺寸和运动副的具体结构对机构的运动没有影响。因此，在对已有机构的运动原理进行分析或设计新机构时，为了使问题简单化，常常省略对构件复杂外形和运动副具体机构的绘制，而用一些简单的线条和符号表示构件与运动副，并按照一定的比例确定运动副的相对位置，这种利用规定的简化画法绘制出能表示机构运动特征的简单图形称为机构运动简图。

（1）机构中构件的分类

机构工作时，不同构件的运动情况是不同的，其中固定不动的构件称为机架，用以支承其他活动构件；机构中接受外部给定运动规律的活动构件称为主动件或原动件，一般与机架相连；机构中随着主动件而运动的其他活动构件称为从动件。

（2）机构运动简图的常见符号

表 4-1 所列为平面机构运动简图的常见符号。

表 4-1　平面机构运动简图的常见符号

名称		简图符号	
构件	杆轴构件	——————	
	固定构件	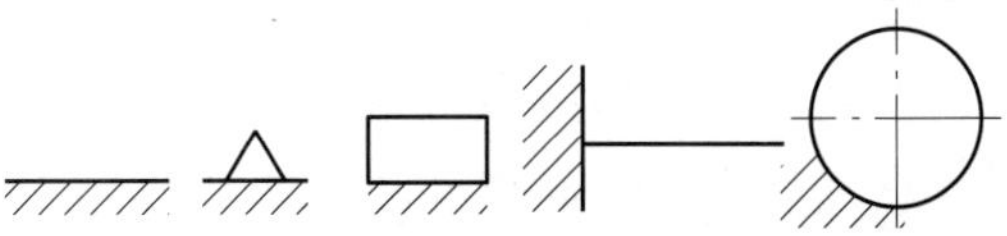	
平面低副	转动副	两构件均可转动	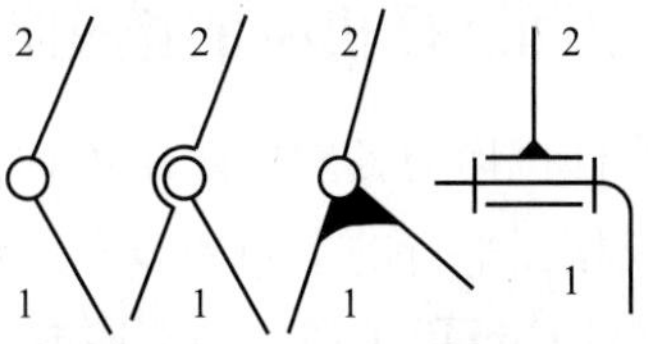

续表

<table>
<tr><th colspan="2">名称</th><th colspan="3">简图符号</th></tr>
<tr><td rowspan="3">平面低副</td><td>转动副</td><td>一构件固定、一构件转动</td><td colspan="2">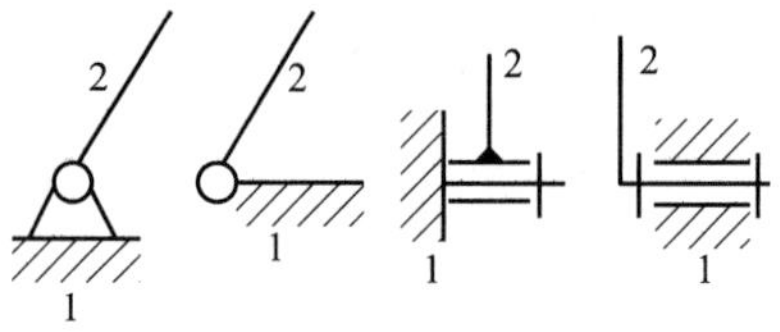</td></tr>
<tr><td rowspan="2">移动副</td><td>两构件均可移动</td><td colspan="2">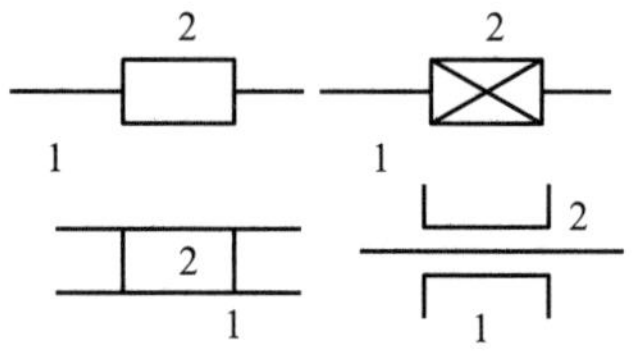</td></tr>
<tr><td>一构件固定、一构件移动</td><td colspan="2">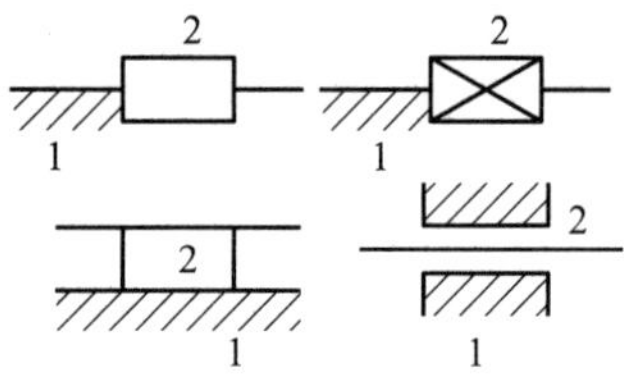</td></tr>
<tr><td>平面高副</td><td>齿轮副</td><td>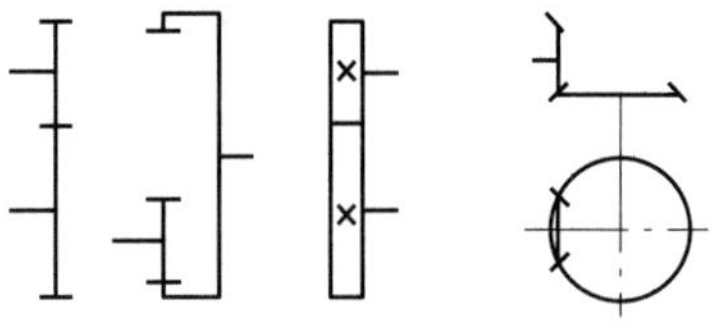</td><td>凸轮副</td><td>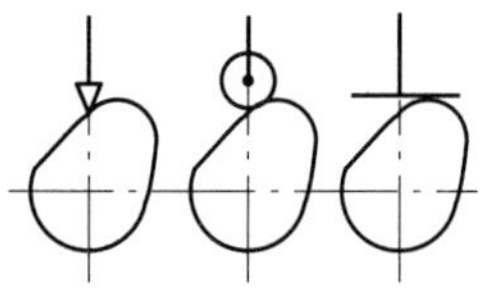</td></tr>
</table>

第2节 平面连杆机构

学习目标

1. 了解平面连杆机构的结构特点。
2. 掌握四杆机构的特点和应用。

一、平面连杆机构的结构特点

平面连杆机构的各构件是用销轴、滑道等方式连接的，各构件间的相对运动均在同一平面或相互平行的平面内。平面连杆机构能够实现某些较为复杂的平面运动，在生产和生活中广泛用于动力的传递或改变运动形式。

二、常用平面连杆机构

1. 四杆机构

如图 4–9 所示为一典型的铰链四杆机构简图。四根杆之间分别用铰链连接而成。其运动形式有以下三种情况：

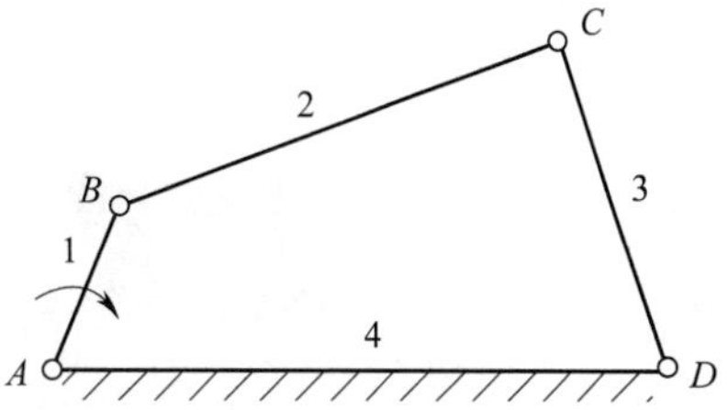

图 4–9　典型的铰链四杆机构简图

（1）曲柄摇杆机构

当杆 1（最短件）能绕点 A 做回转运动时，杆 3 做摆动，将其称为曲柄摇杆机构。固定不动件 4 称为机架，不与机架直接连接的杆 2 称为连杆，杆 1 和杆 3 称为连架杆。能绕机架上点 A 旋转一周的杆 1 称为曲柄，只能在小于 360° 的某一角度内摆动的杆 3 称为摇杆。

在曲柄摇杆机构中，曲柄虽做等速转动，而摇杆摆动时空回行程的平均速度却大于工作行程的平均速度，这种性质称为机构的急回特性，如图 4–10 所示。当主动曲柄 *AB* 等速顺时针转动时，从动摇杆 *CD* 在一定角度范围内往复摆动。曲柄 *AB* 在一周内有两次与连杆 *BC* 共线（即 B_1AC_1 和 AB_2C_2）：曲柄 *AB* 从 AB_1 位置顺时针转到 AB_2 位置时为第一次共线，曲柄 *AB* 所转过的角度为 ϕ_1；曲柄 *AB* 从 AB_2 位置继续顺时针转到 AB_1 位置时为第二次共线，曲柄 *AB* 所转过的角度为 ϕ_2。对应两次共线位置，摇杆也分别处于往复摆动的两个极限位置（即 C_2D 和 C_1D）。

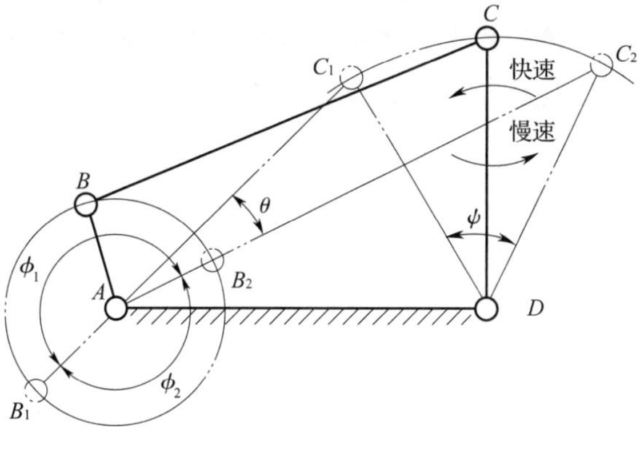

图 4–10　急回特性

由于 $\phi_1>\phi_2$，且曲柄 *AB* 等速转动，使得摇杆转动同样角度所需时间一长一短，因此，摇杆往复摆动的速度一快一慢。利用急回特性可以缩短非工作行程时间，提高效率。

如图 4–11 所示家用缝纫机的踏板、连杆、飞轮、机架构成一个曲柄摇杆机构。脚踩踏板以中轴（*D* 点）为中心在一定的角度范围内做往复运动，使连杆带动飞轮做圆周运动，再通过传动带驱动机头主轴转动。机架起固定支承作用。图中由于 *C* 点只在一定角度范围内做匀等速往复运动，而 *B* 点绕 *A* 点做圆周运动，*B* 点运动时的线速度是不同的。*B* 点线速度较慢的时刻是做功阶段；而在不做功阶段，*B* 点的线速度较快。这就是利用急回特性的原理。

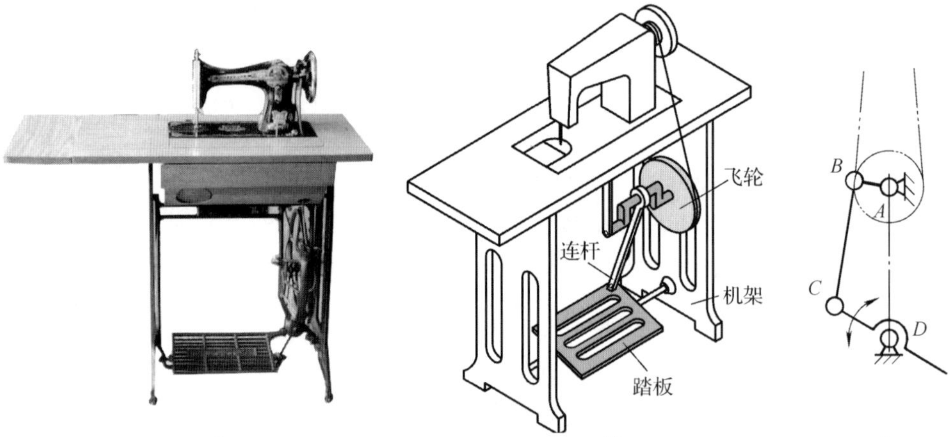

a)　b)　c)

图 4-11　曲柄摇杆机构的应用实例

a）缝纫机实物图　b）缝纫机踏板机构　c）缝纫机曲柄摇杆机构简图

以摇杆为主动件的曲柄摇杆机构如图 4-12 所示，当连杆 *BC* 与从动曲柄 *AB* 刚好处于两次共线时，若不计各杆质量，则这时连杆 *BC* 施加给从动曲柄 *AB* 的力通过了铰链中心 *A*，此力对 *A* 点不产生力矩，因此，不能使曲柄转动或者会使其出现运动不确定现象，机构的这种位置称为止点（旧称死点）位置。止点位置对传动是不利的。对于连续运转的机器，可以利用从动件自身的惯性、附加飞轮或机构错位排列等措施来通过止点位置。例如，缝纫机就是借助飞轮的惯性通过止点位置的。

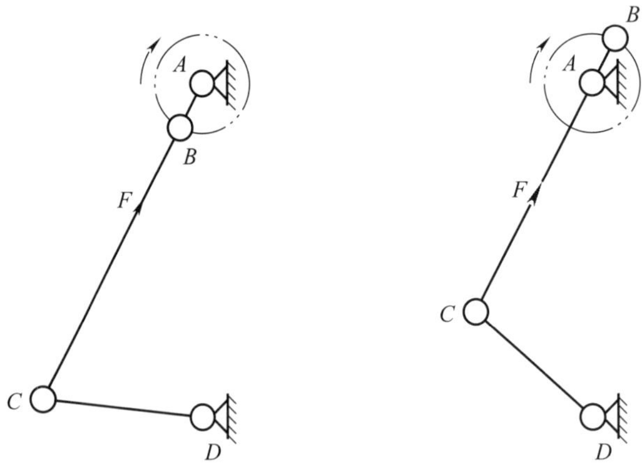

a)　b)

图 4-12　止点位置

a）连杆 *BC* 与曲柄 *AB* 第一次共线　b）连杆 *BC* 与曲柄 *AB* 第二次共线

（2）双曲柄机构

当铰链四杆机构的两个连架杆都是曲柄时，则该机构称为双曲柄机构。如图 4–13 所示，B 点以 A 点为圆心做圆周运动，而 C 点以 D 点为圆心做圆周运动，两者独立运动。但 B 点做等速圆周运动时，C 点则做变速圆周运动。

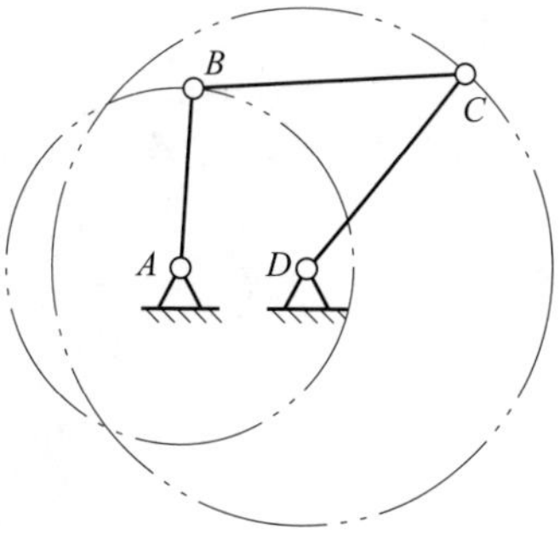

图 4–13　双曲柄机构

如果两曲柄长度相等，另外两杆的长度也相等，则称为平行双曲柄机构。平行双曲柄机构的运动特点如下：当主动曲柄做等速转动时，从动曲柄会以相同的角速度沿同一方向转动，连杆则做平行移动，如图 4–14 所示的机车车轮联动机构就利用平行双曲柄机构的工作特性实现车轮的匀速运动。

a）

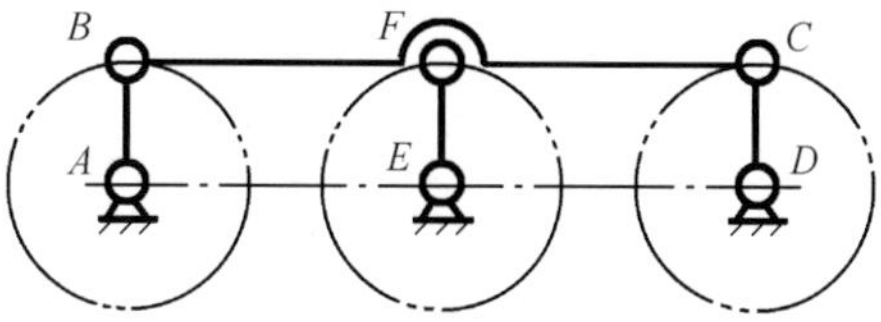

b）

图 4–14　平行双曲柄机构

a）机车车轮联动机构　b）机构运动简图

（3）双摇杆机构

在铰链四杆机构中，若最短杆与最长杆长度之和大于其余两杆长度之和，就一定是双摇杆机构。如图 4–15 所示的四连杆门座式起重机就是一种双摇杆机构。当摇杆 AB 摆到 AB' 时，另一摇杆 CD 也随之摆到 $C'D$，使悬挂于 E 点的重物 Q 沿近似水平的直线运动到 E' 点，从而将货物从船上卸到岸上。

2. 曲柄滑块机构和偏心滑块机构

曲柄滑块机构是由曲柄摇杆机构演变而来的，它把摇杆的摇摆运动转变为滑块的运动。如图 4–16 所示为活塞式内燃机，当曲柄为主动件时，滑块做往复直线运动，滑块的移动距离是曲柄长度的 2 倍。

如果滑块是主动件，则可将滑块的直线运动转变为曲柄的回转运动。

当曲柄与滑块在一条直线上时，会产生止点位置，此时从动件的作用力或力矩为零，连杆不能驱动从动件工作。为解决这一问题，活塞式内燃机利用飞轮的惯性带动连杆运动，越过止点位置，使曲柄滑块机构保持持续运转。

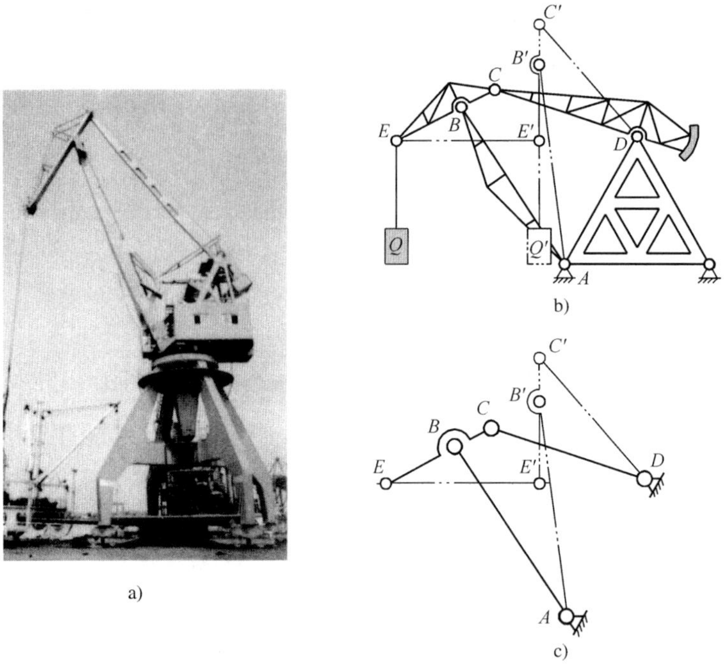

图 4-15　双摇杆机构

a）四连杆门座式起重机实物图　b）起重机变幅机构　c）机构运动简图

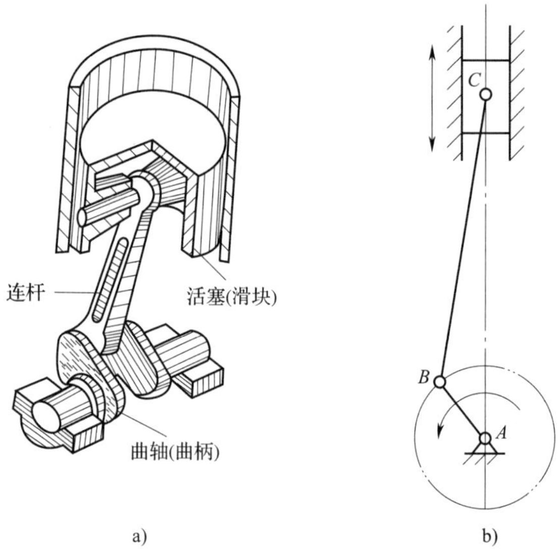

图 4-16　曲柄滑块机构

a）内燃机曲柄滑块机构　b）机构运动简图

如图 4-17 所示的翻斗车送料机构也是根据曲柄滑块机构的原理制成的。*B*、*C* 两点为固定点，活塞缸在气压或液压的作用下使活塞向上运动，同时活塞缸自身也绕 *C* 点在一定角度范围内摆动，从而推动车身翻斗绕 *B* 点转动。

在曲柄滑块机构中，如果所需的曲柄长度很短，制造有困难，则可采用偏心轮来代替曲柄，这就形成如图 4-18 所示的偏心滑块机构。这种机构只能以偏心轮为主动件。

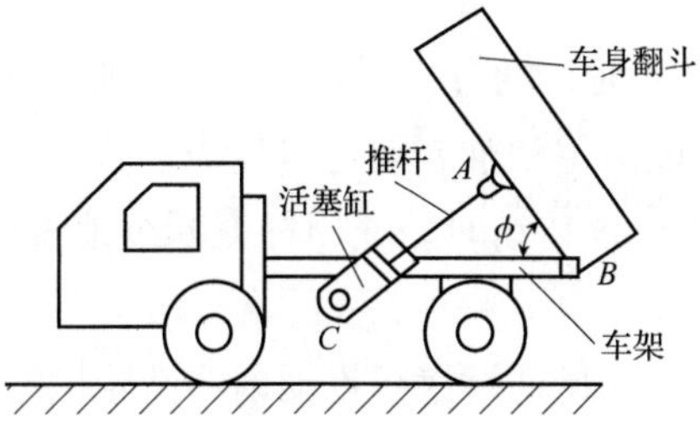

图 4–17　翻斗车送料机构

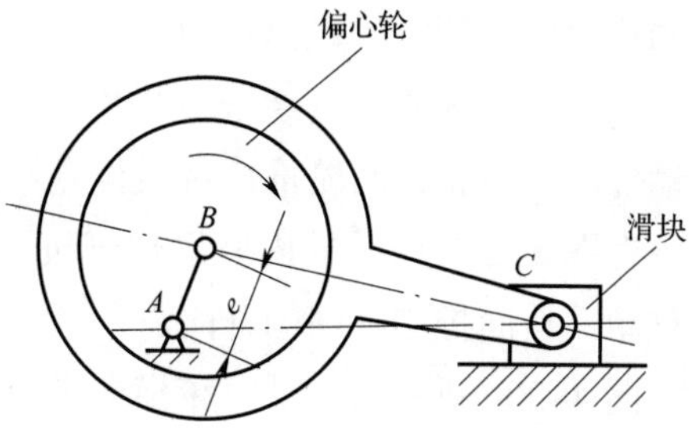

图 4–18　偏心滑块机构

3. 摆动导杆机构

摆动导杆机构如图 4–19 所示，它将曲柄的旋转运动转换成导杆的往复摆动，具有急回运动性质，且其传动角始终为 90°，压力角为 0°，具有最好的传力性能，常用于牛头刨床、插床和送料装置中。

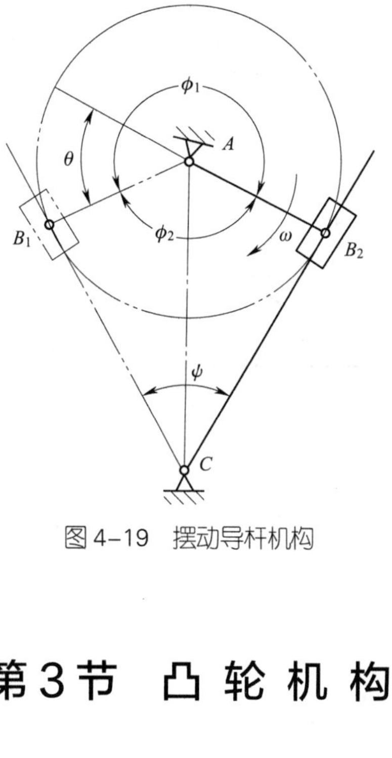

图 4–19　摆动导杆机构

第 3 节　凸 轮 机 构

学习目标

1. 掌握凸轮机构的特点和应用。
2. 了解常用凸轮机构的分类。

一、凸轮机构的特点和应用

凸轮是一种具有曲线轮廓或凹槽的构件，与从动件接触，通过凸轮的轮廓曲线，控制从动件按预定的规律运动。

在图 4-20a 所示的绕线机构中，主动轴匀速运动时，通过一对蜗轮、蜗杆啮合将转动传递给凸轮，凸轮推动排线杆左右摆动，使线能沿主动轴表面均匀缠绕。

在图 4-20b 所示的内燃机配气机构中，当凸轮连续转动时，气门杆就断续地做往复移动，从而控制气门的开闭。

图 4-20c 所示为自动车床横向进刀机构，圆柱凸轮槽通过滚子推动扇形齿轮摆动，扇形齿轮再推动齿条带动刀架移动。

在图 4-20d 所示的靠模机构中，当刀架左右移动时，在弹簧力作用下，滚子始终与靠模的工作曲面接触，使刀尖按靠模曲线的形状运动，从而加工出与靠模曲线相同的工件轮廓。

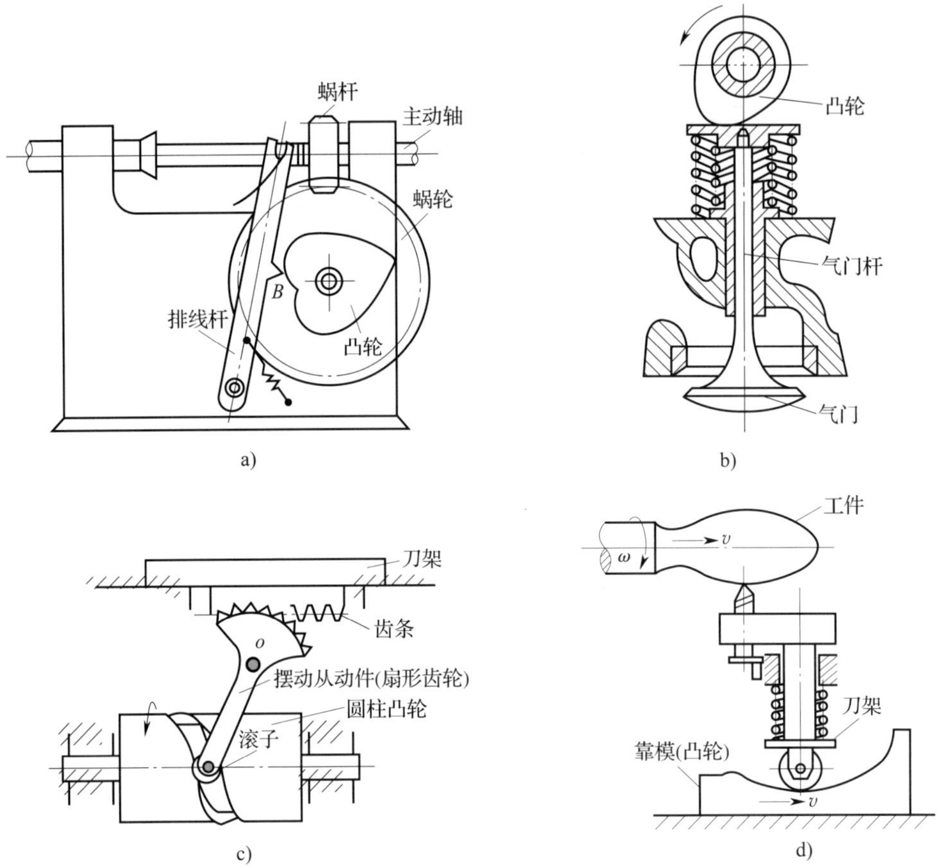

图 4-20　凸轮机构应用

a）绕线机构　b）内燃机配气机构　c）自动车床横向进刀机构　d）靠模机构

凸轮机构结构紧凑，设计较方便，只要有适当的凸轮轮廓，就可以使从动件按预定的运动规律运动，因此，在自动机构中得到广泛的应用。但由于凸轮与从动件多为点或线接触，较易磨损。故一般用于受力不大的控制和调节机构。另外，凸轮轮廓曲线的加工有一定的困难，然而随着数控技术的普及，这个问题已基本得到了解决。

二、凸轮机构的分类

按凸轮的形状不同，凸轮机构可分为盘形凸轮机构（见图 4–21a）、移动凸轮机构（见图 4–21b）和圆柱凸轮机构（见图 4–21c）。工作时，盘形凸轮机构中的从动件在垂直于凸轮轴线的平面内运动，移动凸轮机构中的从动件做往复移动，圆柱凸轮机构中的从动件在平行于凸轮轴线的平面内运动。

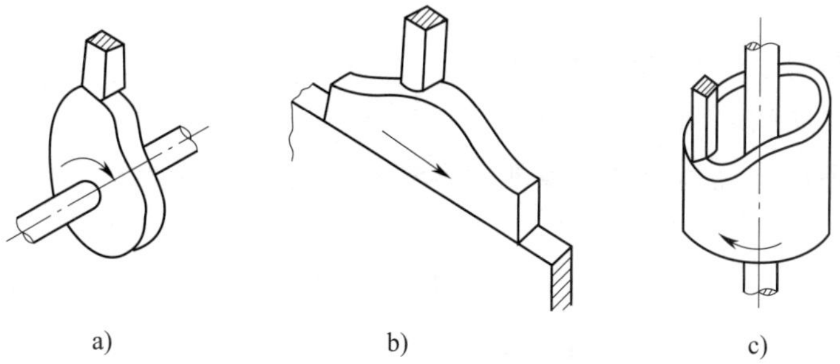

图 4–21　凸轮机构分类

a）盘形凸轮机构　b）移动凸轮机构　c）圆柱凸轮机构

按从动件的结构不同，凸轮机构可分为尖顶从动件凸轮机构、滚子从动件凸轮机构和平底从动件凸轮机构。

如图 4–22a 所示，尖顶从动件结构简单，能与复杂的凸轮轮廓保持接触，从动件可实现复杂的运动规律。但尖顶易磨损，只适用于传力不大的低速凸轮机构中。

如图 4–22b 所示，滚子从动件是将尖顶变成滚子，滚子与凸轮间的摩擦小，不易磨损，因此应用最广泛。

如图 4–22c 所示，平底从动件在高速工作时较易与凸轮间形成油膜而减小摩擦，降低磨损，但受平底形状限制，不能用于有凹形轮廓的凸轮机构。

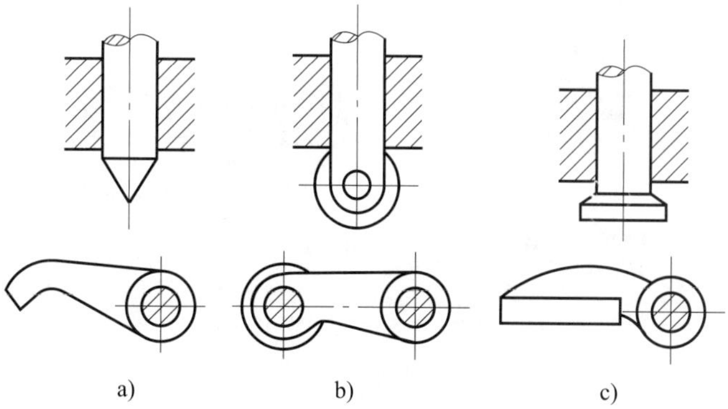

图 4–22　从动件的分类

a）尖顶从动件　b）滚子从动件　c）平底从动件

第 4 节　间歇运动机构

学习目标

1. 了解间歇运动机构的功用。
2. 掌握棘轮机构的工作原理、应用和类型。
3. 掌握槽轮机构的工作原理、类型和应用。

在许多机械中，常需要某些构件实现周期性的运动和停歇。能够将主动件的连续运动转换为从动件时动时停的周期性运动的机构称为间歇运动机构。

间歇运动机构的种类很多，这里主要介绍棘轮机构和槽轮机构。

一、棘轮机构

当用滑轮吊重物时，要让重物停留在某个地方，需要用手一直用力拉紧绳索。但如果采用图 4-23a 所示的吊钩，在吊升重物时，即使松开攥紧的绳索，重物也不会落回地面。同样，使用图 4-23b 所示的棘轮扳手拧紧螺栓时，往复扳动扳手，不会带动螺栓往复旋转，拧动过程中螺栓始终只会向一个方向旋转。能实现这样的工作，是因为它们都采用了棘轮机构。

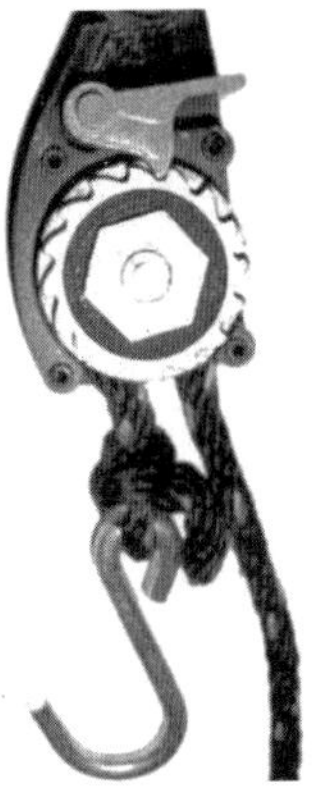
a)

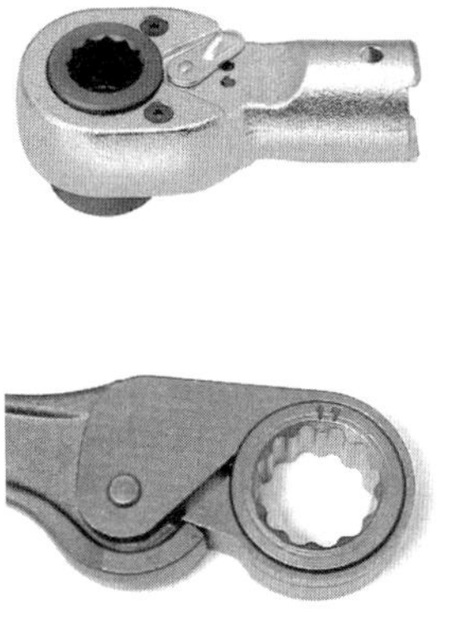
b)

图 4-23　间歇运动机构的应用
a）吊钩　b）棘轮扳手

1. 棘轮机构的工作原理和应用

下面以图 4-24 所示棘轮机构为例分析其工作原理。棘轮机构通常由曲柄摇杆机构驱动。当曲柄回转时，摇杆摆动，带动空套在摇杆上的棘爪推动棘轮转一个或几个齿。当摇杆回程摆动时，棘爪从棘轮齿背上滑过，棘轮静止不动。棘轮下端加放一个止回棘爪起阻止棘轮回转的作用。这样，摇杆连续往复摆动，棘轮间歇地做单方向转动。

棘轮机构结构简单，制造方便，但运转时易产生冲击和噪声，轮齿易磨损，高速时尤其严重，传递的动力不大，故棘轮机构只适用于低速、轻载和每次转角不大的间歇运动场合。例如，起重机、绞盘利用棘轮机构提升重物时能停在任何位置，以防止由于停电等原因造成事故；自行车后轮轴上的内棘轮机构可保证自行车滑行或推行时脚踏板不回转。

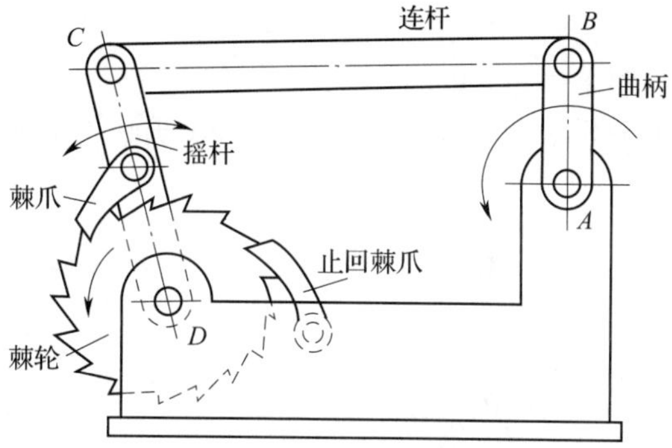

图 4–24　棘轮机构

2. 棘轮机构的类型

棘轮机构的类型很多，按照工作原理不同，可分为齿式棘轮机构和摩擦式棘轮机构；按照结构特点不同，可分为外啮合式棘轮机构和内啮合式棘轮机构；按从动件运动形式不同，可分为单动式棘轮机构、双动式棘轮机构和可变向棘轮机构。下面介绍几种常用的棘轮机构。

（1）外啮合式棘轮机构

如图 4–25 所示，棘爪装在从动棘轮的外部，称为外啮合式棘轮机构。

外啮合齿式棘轮机构有单动式棘轮机构、双动式棘轮机构和可变向棘轮机构几种形式。

1）单动式棘轮机构。它有一个驱动棘爪，当操纵杆朝着某一方向摆动时，才能推动棘轮转动；而反向摆动则无法驱动棘轮转动。

2）双动式棘轮机构。如图 4–26 所示，棘轮机构在一个摇杆上具有两个棘爪，摇杆往复摆动一次能推动棘轮转动两次，称为双动式棘轮机构。

3）可变向棘轮机构。如图 4–27 所示，棘轮机构通过翻转或回转棘爪，改变棘爪工作面与棘轮接触的方向，从而可推动棘轮朝不同的方向转动。

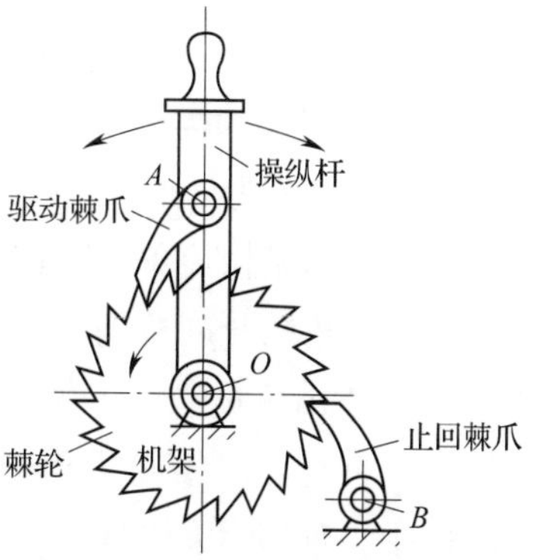

图 4–25　外啮合式棘轮机构

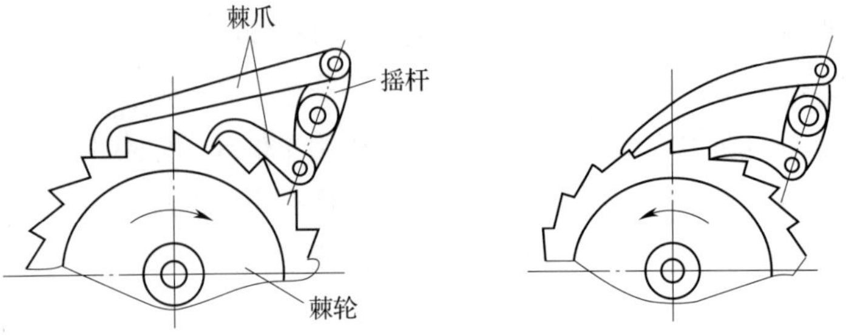

图 4–26　双动式棘轮机构

（2）内啮合式棘轮机构

如图 4–28 所示，棘爪装在从动棘轮的内部，称为内啮合式棘轮机构。

图 4–27　可变向棘轮机构

a）棘爪处于左位　b）棘爪处于右位

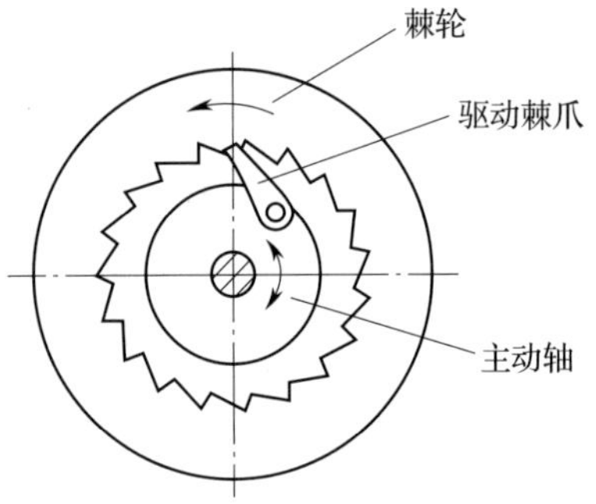

图 4–28　内啮合式棘轮机构

二、槽轮机构

1. 槽轮机构的工作原理

槽轮机构由带圆销的拨盘和有径向槽的槽轮组成。拨盘是主动件，以等速转动；当圆销进入槽轮的径向槽后就带动槽轮转动。圆销离开径向槽后槽轮就停止转动。为使槽轮在停止转动后固定不动，用拨盘上的外圆弧和槽轮上的内凹锁止弧接触锁住。

2. 槽轮机构的类型和应用

槽轮机构分为外槽轮机构（见图 4–29）和内槽轮机构（见图 4–30）。

槽轮机构结构简单，工作可靠，机械效率高，能准确控制转动的角度，常用于要求恒定旋转角的分度机构中。但对一个已确定的槽轮机构来说，其转角不能调节，可通过改变圆销数量来改变拨盘每转一周时槽轮转动的次数。在转动始末，加速度变化较大，有冲击。槽轮机构一般应用在转速不高，要求间歇转动的装置中。如电影放映机中，使胶片间歇移动，如图 4–31a 所示；又如转塔车床的刀架转位机构，如图 4–31b 所示。

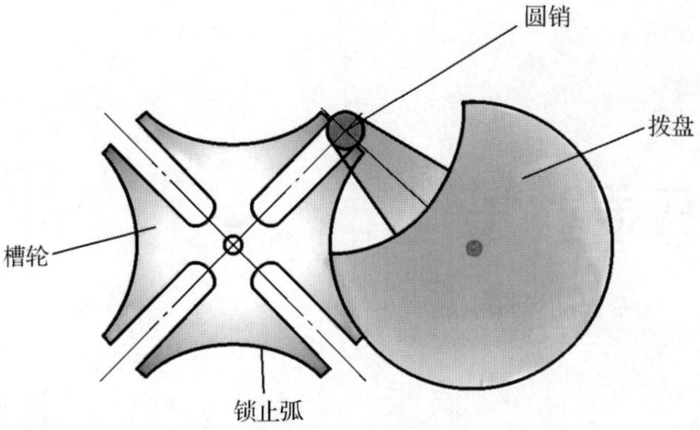

图 4–29　外槽轮机构

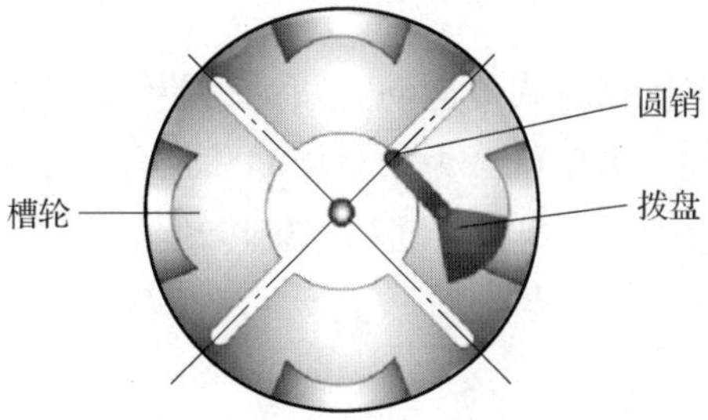

图 4–30　内槽轮机构

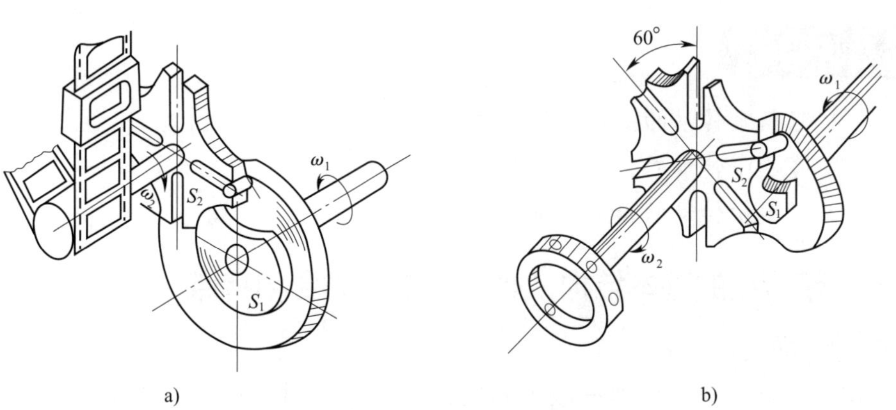

图 4–31　槽轮机构的应用

a）电影放映机　b）转塔车床的刀架转位机构

第5章

机械传动

机械传动是一种利用机械方式传递动力和运动的传动方式。机械传动在机器中应用非常广泛，有多种形式，主要可分为摩擦传动和啮合传动两大类。常见的机械传动有带传动、链传动、齿轮传动、蜗杆传动和螺旋传动等。

第1节　带　传　动

学习目标

1. 了解带传动的基本结构和类型。
2. 掌握带传动的特点及传动比的计算方法。
3. 了解带传动的张紧方法。

一、带传动的基本结构、类型、应用场合和特点

1. 带传动的基本结构

如图 5–1 所示，带传动一般由固定连接在主动轴上的带轮（主动轮）、固定连接在从动轴上的带轮（从动轮）和紧套在两轮上的挠性带组成。当主动轮转动时，通过带和带轮工作表面之间的摩擦力或啮合作用驱动从动轮转动并传递动力。

2. 带传动的类型和应用场合

根据工作原理不同，带传动分为摩擦型带传动和啮合型带传动两种，具体分类如

图 5-2 所示，本节主要讨论摩擦型带传动。带传动的类型、传动带形状、传递能力和应用场合见表 5-1。

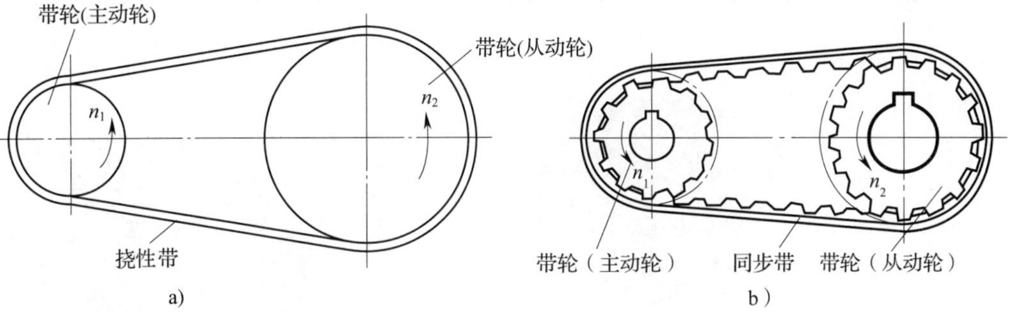

图 5-1　带传动的组成

a）摩擦型带传动　b）啮合型带传动

- 带传动
  - 摩擦型带传动
    - 圆带传动
    - 平带传动
    - V带传动
      - 普通V带传动
      - 窄V带传动
    - 多楔带传动
  - 啮合型带传动：同步带传动

图 5-2　带传动的类型

表 5-1　带传动的类型、传动带形状、传递能力和应用场合

传动方式	带传动的类型	传动带形状	传递能力	应用场合
摩擦传动类	平带传动	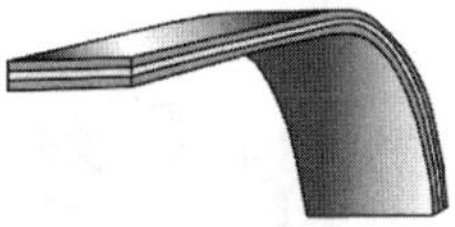	一般	常用于较远距离的传动，如农业机械、输送机等 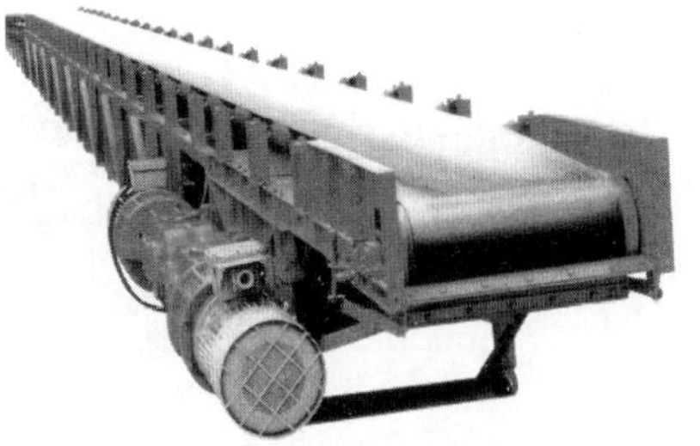

续表

传动方式	带传动的类型	传动带形状	传递能力	应用场合
摩擦传动类	V带传动		较强	常用于各种机械的高速级传动中，在金属切削机床中应用广泛 
	多楔带传动	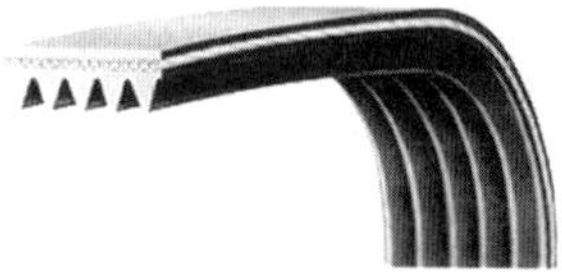	较强	主要用于传递功率大而结构要求紧凑的场合
	圆带传动	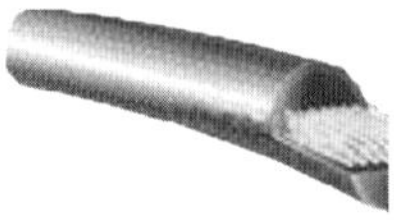	较弱	常用于传递动力较小的场合，如缝纫机、真空吸尘器的传动机构等 
啮合传动类	同步带传动	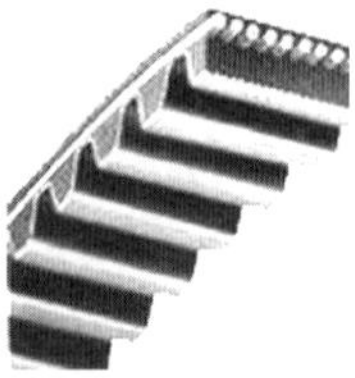	强	用于传动力较大且要求传动比恒定的场合，如汽车、数控机床、打印机等 

3. 带传动的特点

摩擦型带传动的特点如下：

（1）优点

1）带具有良好的弹性，传动平稳，有缓冲、吸振作用，噪声低。

2）结构简单，制造、安装精度要求不高，成本低廉，维修方便。

3）过载时，传动带会在带轮上打滑，可以防止薄弱零件的损坏，起到安全保护作用。

4）适用于两传动轴中心距较大的场合（中心距最大可达 10 m）。

（2）缺点

1）由于带传动时带与带轮之间存在弹性滑动，因此不能保证准确的传动比。

2）带的使用寿命短，一般只有 2 000 ~ 3 000 h。

3）外廓尺寸大，传动效率低。

4）不适用于油污、高温、易燃和易爆的场合。

啮合型带传动的带和带轮面间无滑动，保证了准确的传动比，传动的线速度可达 50 m/s，传递功率可达 100 kW，效率达 98%，但其制造、安装精度要求较高，造价也较高。

二、带传动的传动比

如图 5-3 所示，带传动的传动比就是带轮的转速之比。如果不考虑带与带轮间打滑因素的影响，其传动比与两带轮的直径成反比，即：

$$i_{12}=\frac{n_1}{n_2}=\frac{d_2}{d_1}$$

式中　n_1——主动轮的转速，r/min；

n_2——从动轮的转速，r/min；

d_1——主动轮基准直径，mm；

d_2——从动轮基准直径，mm。

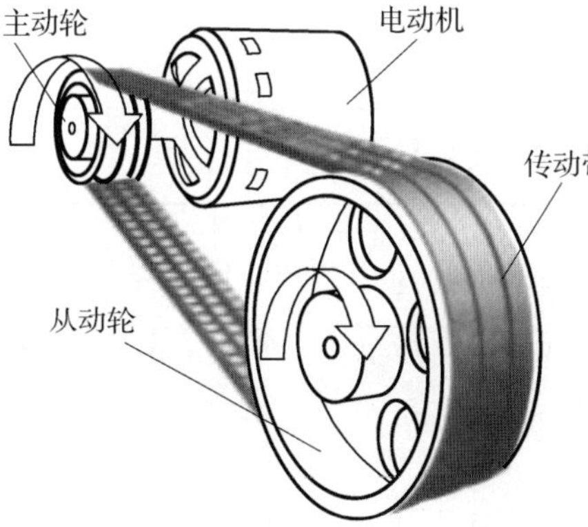

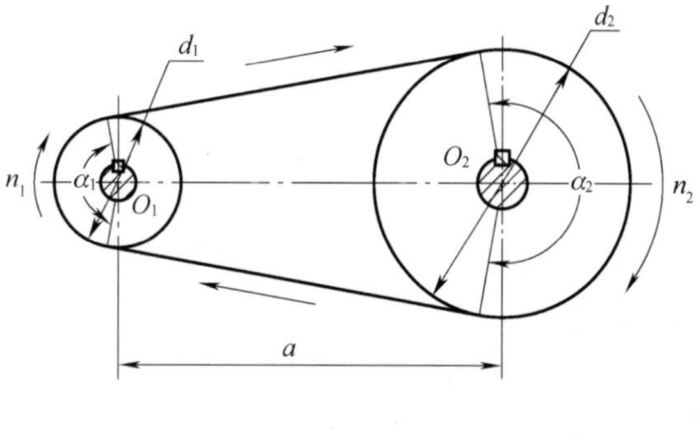

图 5-3　带传动的原理和几何关系

a）原理　b）几何关系

三、V 带传动

V 带传动是带传动中应用最广泛的传动方式。

1. V 带

（1）V 带的结构

V 带是一种无接头的环形带，其横截面为等腰梯形。V 带有普通 V 带、窄 V 带、齿形 V 带、大楔角 V 带、宽 V 带等多种类型。其中普通 V 带应用最广泛。

普通 V 带等腰梯形的楔角为 40°，工作面是与轮槽相接触的两侧面，带与轮槽底面不接触。V 带有帘布芯结构和绳芯结构两种，其结构如图 5–4 所示。各结构的功用见表 5–2。

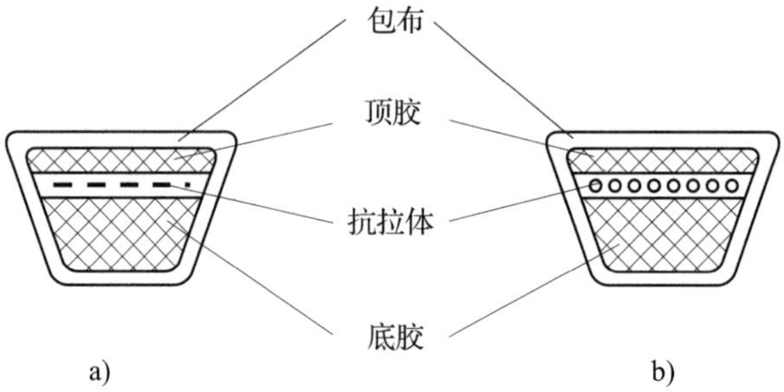

图 5–4　V 带的结构

a）帘布芯结构　b）绳芯结构

表 5–2　V 带结构及其功用

名称	功　用
包布	一般由胶帆布制成，起保护作用
顶胶	在带弯曲变形时起伸张作用
抗拉体	承受拉力，一般由几层胶帘布和若干胶线绳组成
底胶	在带弯曲时承受拉力，它与顶胶一样均用橡胶制成

帘布芯结构的 V 带制造方便，抗拉强度高，价格低廉，应用广泛。绳芯结构的 V 带柔韧性好，抗弯曲疲劳性较好，但抗拉强度低，适用于载荷不大、带轮直径较小及转速较高的场合。

（2）V 带的型号

目前普通 V 带已经标准化。国家标准将 V 带的型号由小到大规定为 Y、Z、A、B、C、D、E 七种，每种型号的横截面尺寸都不同。在相同条件下，横截面尺寸越大，则传递的功率越大。

（3）V 带的标记

当 V 带绕带轮弯曲时，其长度和宽度均保持不变的层面称为中性层。在规定的张紧力下，沿 V 带中性层量得的周长称为基准长度 L_d，又称公称长度。它主要用于带传动的几何尺寸计算和 V 带的标记，其长度已标准化，见表 5-3。

表 5-3　普通 V 带基准长度（摘自 GB/T 11544—2012） mm

截面型号						
Y	Z	A	B	C	D	E
200	406	630	930	1 565	2 740	4 660
224	475	700	1 000	1 760	3 100	5 040
250	530	790	1 100	1 950	3 330	5 420
280	625	890	1 210	2 195	3 730	6 100
315	700	990	1 370	2 420	4 080	6 850
355	780	1 100	1 560	2 715	4 620	7 650
400	920	1 250	1 760	2 880	5 400	9 150
450	1 080	1 430	1 950	3 080	6 100	12 230
500	1 330	1 550	2 180	3 520	6 840	13 750
	1 420	1 640	2 300	4 060	7 620	15 280
	1 540	1 750	2 500	4 600	9 140	16 800
		1 940	2 700	5 380	10 700	
		2 050	2 870	6 100	12 200	
		2 200	3 200	6 815	13 700	
		2 300	3 600	7 600	15 200	
		2 480	4 060	9 100		
		2 700	4 430	10 700		
			4 820			
			5 370			
			6 070			

国家标准规定普通 V 带的标记由型号、基准长度和标准编号三部分组成，示例如下：

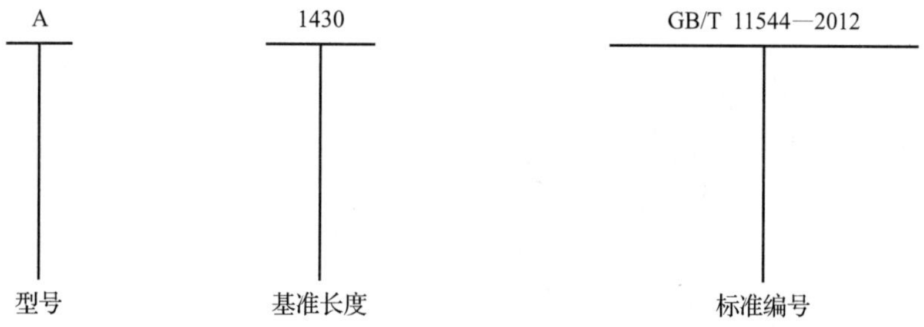

2. V 带轮

V 带轮由轮缘、腹板（或轮辐）和轮毂三部分组成，如图 5-5 所示。

V 带轮的槽型应与所用的 V 带型号一致。为了使 V 带弯曲后绕在带轮上能与轮槽侧面更好地贴合，V 带轮槽角均略小于 V 带的楔角。V 带轮槽角有 32°、34°、36°、38°等几种。带轮直径越小时，轮槽角也越小。轮毂是与轴配合连接的部分。带轮有四种常用形式，其应用见表 5-4。

图 5-5　V 带轮的结构

表 5-4　带轮的常用形式及其应用

类型	简图	应用
实心式		适用于带轮基准直径 $d_d \leqslant (2.5 \sim 3)d$（$d$ 为轴的直径）的场合
腹板式		适用于带轮基准直径 d_d 为 250 ~ 300 mm 的场合
孔板式		适用于带轮基准直径 d_d 为 250 ~ 400 mm 的场合
轮辐式		适用于带轮基准直径 $d_d \geqslant 400$ mm 的场合

带轮的材料主要采用铸铁，常用材料的牌号为 HT150 或 HT200，允许的最大圆周速度为 25 m/s。转速较高时宜采用铸钢（或用钢板冲压后焊接而成），小功率时可用铸铝或塑料。

四、带传动的失效形式和应力分析

1. 带传动的失效形式

带传动的失效形式主要有以下两种：

（1）打滑

一般当传递的力大于带与带轮之间摩擦力总和的极限时，会发生过载打滑，导致传动失效。

（2）疲劳破坏

传动带在应力的反复作用下产生裂纹、脱层、松散，直至断裂。

2. 应力分析

带传动应力集中多发生在主动带轮（小带轮）入带处，所以疲劳磨损和断裂多发生在此处。增设张紧轮时应避免在此位置安装，多安装在松边内侧靠近大带轮处。

五、带传动的张紧装置

在安装带传动装置时，带是以一定的拉力紧套在带轮上的，但经过一段时间运转后，会因为塑性变形和磨损而松弛，影响正常工作。因此，应定期检查与重新调整、张紧，以恢复及保持必需的张紧力，保证带传动具有足够的传动能力。

带传动常用的张紧方法及其应用见表 5–5。

表 5–5　带传动常用的张紧方法及其应用

张紧方法	结构简图	应用
调整中心距	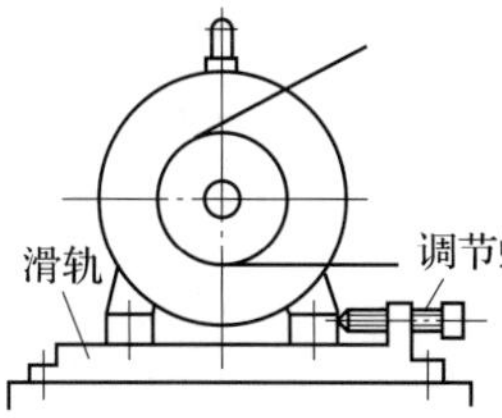	将装有小带轮的电动机装在一个滑轨上，拧动调节螺钉以移动电动机，使带张紧。适用于两轴线水平或接近水平的带传动
	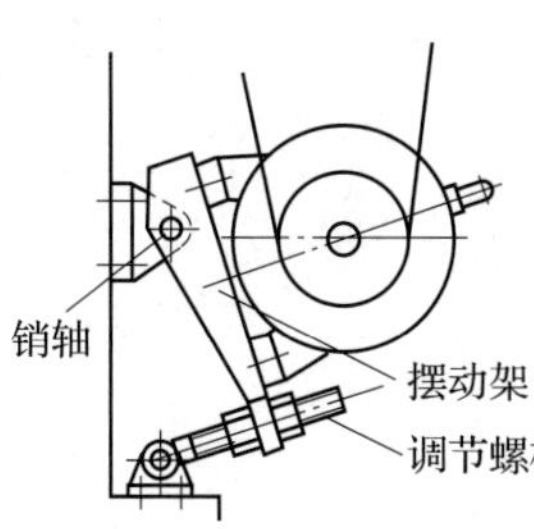	将装有带轮的电动机安装在一个摆动架上，摆动架可以绕销轴摆动，需要调节时，只要拧动调节螺杆上的螺母，使摆动架向所需的方向摆动就可以实现张紧传动带的目的。适用于两轮中心连线处于垂直或近似垂直位置的带传动

续表

张紧方法	结构简图	应用
调整中心距	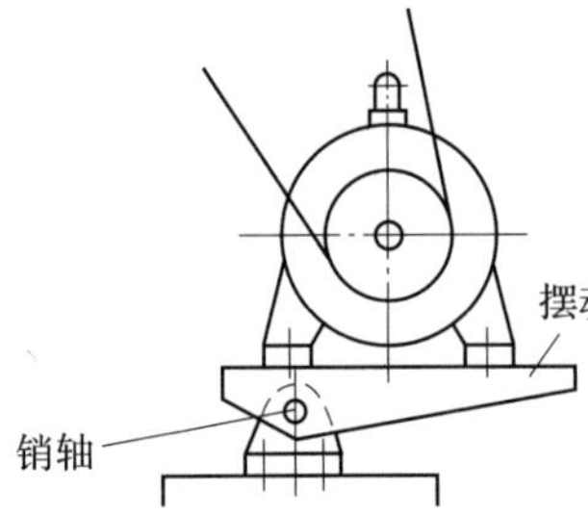	靠电动机及摆动架的重力使电动机绕销轴摆动，实现传动带自动张紧
张紧轮	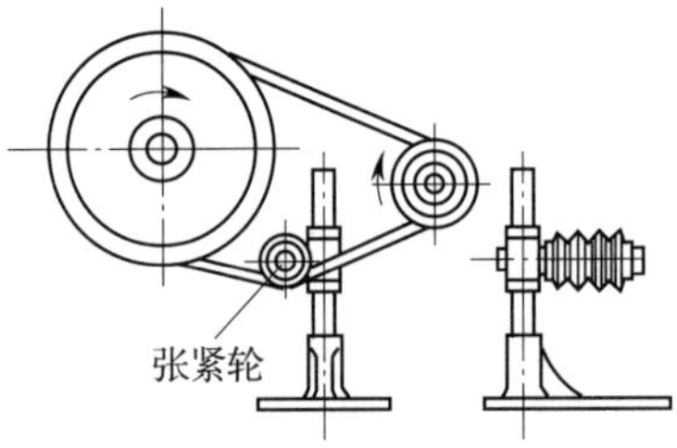	当两带轮的中心距不能调整（定中心距）时，可采用张紧轮定期将传动带张紧。张紧轮应置于松边内侧且靠近大带轮处，调整张紧轮的位置就可以实现传动带的张紧

第2节 链传动

学习目标

1. 掌握链传动的基本结构及传动比的计算方法。
2. 了解滚子链的结构特点、主要参数和应用场合。
3. 了解齿形链的特点和应用场合。

一、链传动的基本结构、类型、应用场合和特点

1. 链传动的基本结构

如图 5-6 所示，链传动是由两轴平行的两个链轮（一般为大链轮、小链轮）和链条组成的。当主动链轮回转时，依靠链条与两链轮之间的啮合力，使从动链轮回转，进而传递运动和动力。链传动与带传动有相似之处：链轮齿与链条的链节啮合，其中链条相当于带传动中的传动带。但链传动不是靠摩擦力传动，而是靠链轮齿和链条之间的啮合来传动。因此，

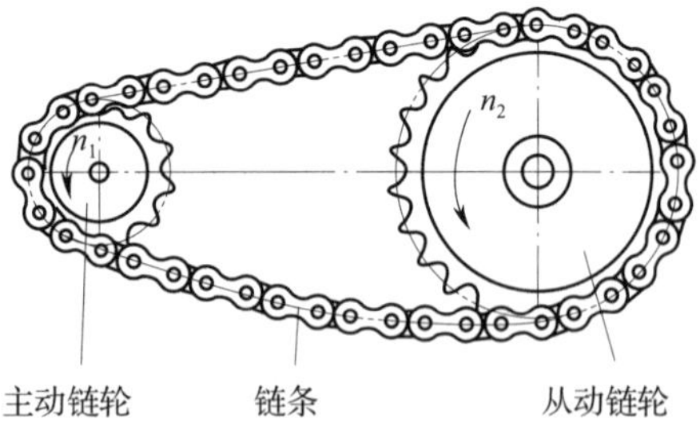

图 5-6 链传动

链传动是一种具有中间挠性件的啮合传动。

2. 链传动的类型和应用场合

链的种类繁多，按应用场合不同，链可分为以下三类：

（1）传动链

如图 5-7 所示，传动链主要用于一般机械中传递运动和动力，也可用于输送等场合，应用范围较广泛。

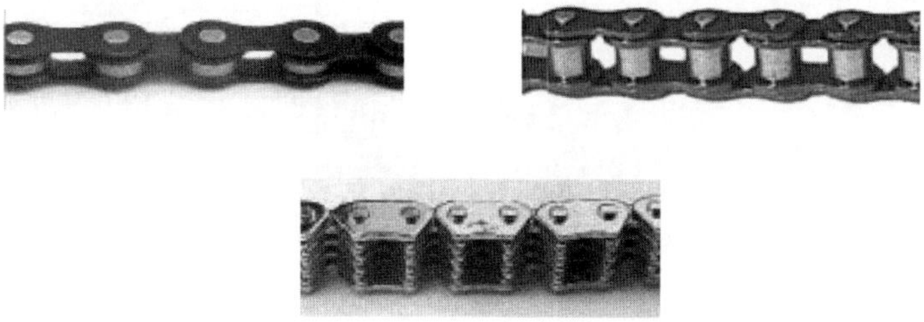

图 5-7　传动链

（2）输送链

如图 5-8 所示，输送链用于输送工件、物品和材料，可以直接用于各种机械上，也可以组成链式输送机作为一个单元出现。

图 5-8　输送链

（3）起重链

如图 5-9 所示，起重链主要用以传递力，起牵引、悬挂物品的作用，兼作缓慢运动。

图 5-9　起重链

3. 链传动的特点

与摩擦型带传动相比，链传动具有以下特点：

（1）由于是啮合传动，能保持平均传动比不变，但瞬时传动比不是定值，因此传动时有振动、冲击和噪声。

（2）因多齿同时啮合，能传递较大的功率，传动效率较高。

（3）能在温度较高、湿度较大的环境中工作。

（4）张紧力小，轴上受力小。

（5）制造、安装精度要求高，成本较高。

二、链传动的传动比

设在某链传动中，主动链轮的齿数为 z_1，从动链轮的齿数为 z_2，主动链轮每转过一个齿，链条移动一个链节，从动链轮被链条带动转过一个齿。当主动链轮的转速为 n_1、从动链轮的转速为 n_2 时，单位时间内主动链轮转过的齿数 z_1n_1 与从动链轮转过的齿数 z_2n_2 相等，即：

$$z_1n_1 = z_2n_2$$

或 $n_1/n_2 = z_2/z_1$

得链传动的传动比为：

$$i = \frac{n_1}{n_2} = \frac{z_2}{z_1}$$

式中　n_1、n_2——主、从动链轮的转速，r/min；

z_1、z_2——主、从动链轮的齿数。

上式说明：主动链轮的转速 n_1 与从动链轮的转速 n_2 的比值即为链传动的传动比，与两链轮齿数 z_1 和 z_2 成反比。

三、滚子链和齿形链传动

传动链的种类繁多，最常用的是滚子链和齿形链。

1. 滚子链传动

（1）滚子链的结构

如图 5–10 所示，套筒滚子链相当于活动铰链，由滚子、套筒、销轴、外链板、内链板组成。销轴与外链板、套筒与内链板分别采用过盈配合固定；而销轴与套筒、滚子与套筒之间则为间隙配合，保证链节屈伸时内链板与外链板之间能相对转动。套筒、滚子与销轴之间也可以自由转动，当链节进入、退出啮合时，滚子沿齿滚动，实现滚动摩擦，减小磨损。

（2）滚子链的主要参数

1）节距。链条中相邻两销轴中心线之间的距离称为节距，用符号 p 表示，如图 5–10 所示。链条的节距越大，销轴的直径也可以做得越大，链条的强度就越高，传动能力也就越强，但链传动的结构尺寸也会相应增大，传动的振动、冲击和噪声也越严重。因此，应用时应尽可能选用小节距的链条。在承受较大载荷，传递功率较大时，可选用小节距的双排链或多排链。如图 5–11 所示，它相当于几个普通单排链之间用长销轴连接而成。但排数越多，就越难使各排受力均匀，故排数不能过多，常用双排链或三排链，四排链以上的很少用。

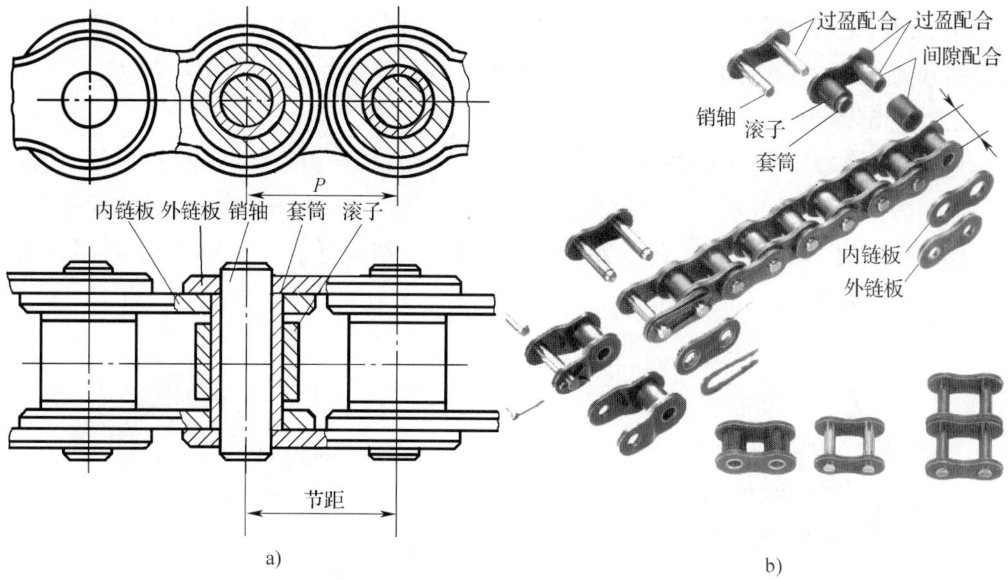

图 5-10　滚子链的结构与分解图

a）结构　b）分解图

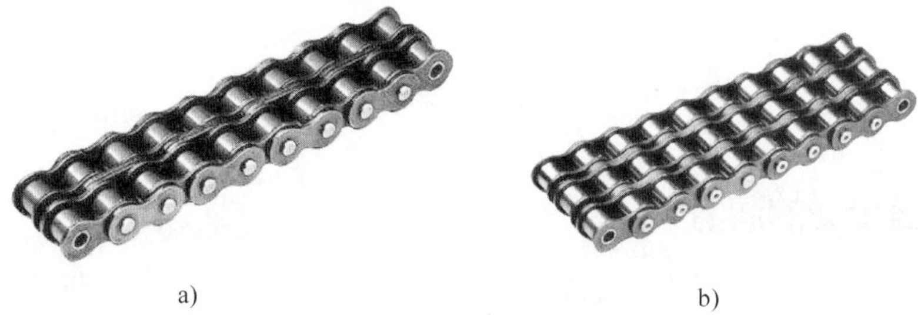

图 5-11　多排滚子链

a）双排滚子链　b）三排滚子链

2）节数。滚子链的长度用节数来表示。为了使链条的两端便于连接，链节数应尽量选取偶数，以便连接时正好使内链板和外链板相连。如图 5-12 所示，链接头处可用开口销或弹簧夹锁定。当链节数为奇数时，链接头须采用过渡链节。由于过渡链节不仅制造复杂，而且抗拉强度较低，因此尽量不采用。

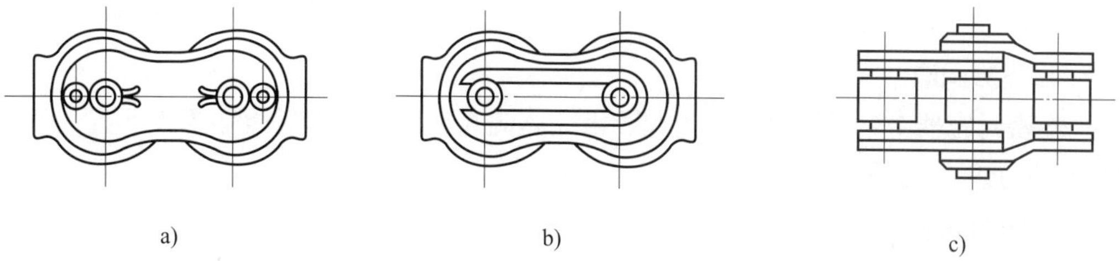

图 5-12　滚子链接头形式

a）开口销　b）弹簧夹　c）过渡链节

（3）滚子链的标记

滚子链标记为“链号－排数－链节数 标准号”。例如，“08A–1–88 GB/T 1243—2006”表示链号为08的A系列单排链，链节数为88，标准编号为GB/T 1243—2006。

2. 齿形链传动

齿形链又称无声链，如图5–13所示，它是由用铰链连接的齿形板组成的。齿形链按限位方式的不同主要分为内导式和外导式两大类。与滚子链相比，其传动平稳性好，传动速度快，噪声较低，承受冲击性能较好；但结构复杂，装拆困难，质量较大，易磨损，成本较高。

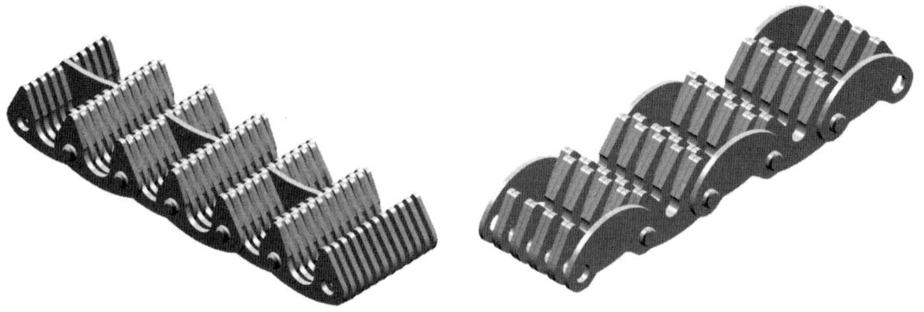

a)　　b)

图5–13　齿形链

a）内导式　b）外导式

四、链传动的润滑

良好的润滑可以减少链传动的磨损，提高工作能力，延长使用寿命。链传动采用的润滑方式有以下几种：

1. 人工定期润滑

用油壶或油刷，每班注油一次，适用于 $v \leqslant 4$ m/s 的低速、不重要的链传动。

2. 滴油润滑

用油杯通过油管滴入松边内、外链板间隙处，每分钟滴入5～20滴，适用于 $v \leqslant 10$ m/s 的链传动。

3. 油浴润滑

将松边链条浸入油盘中，浸油深度为6～12 mm，适用于 $v \leqslant 12$ m/s 的链传动。

4. 飞溅润滑

在密封容器中，甩油盘将油甩起，沿壳体流入集油处，然后引导至链条上。但甩油盘线速度应大于3 m/s。

5. 压力润滑

当用于 $v \geqslant 8$ m/s 的大功率传动时，应采用特设的油泵将油喷射至链轮、链条啮合处。

第3节 齿轮传动

学习目标

1. 掌握齿轮传动的特点、类型及传动比的计算。
2. 掌握渐开线直齿圆柱齿轮各部分的名称、几何尺寸及基本参数。
3. 了解齿轮传动的失效形式。

一、齿轮传动的基本结构、类型和特点

在机械传动中，齿轮传动应用最为广泛。在各类交通运输工具、工程机械、机床设备和机械钟表中都大量应用齿轮传动。如图 5-14 所示为齿轮传动的应用实例。

a)　　b)　　c)

图 5-14　齿轮传动的应用实例

a）机械手表　b）柴油机　c）水力发电厂用的加速齿轮机构

1. 齿轮传动的基本结构

如图 5-15 所示，齿轮传动是指用主动轮和从动轮轮齿直接啮合，传递运动和动力的装置，其基本结构包括主动轮（O_1 轮）、主动轴和从动轮（O_2 轮）、从动轴。

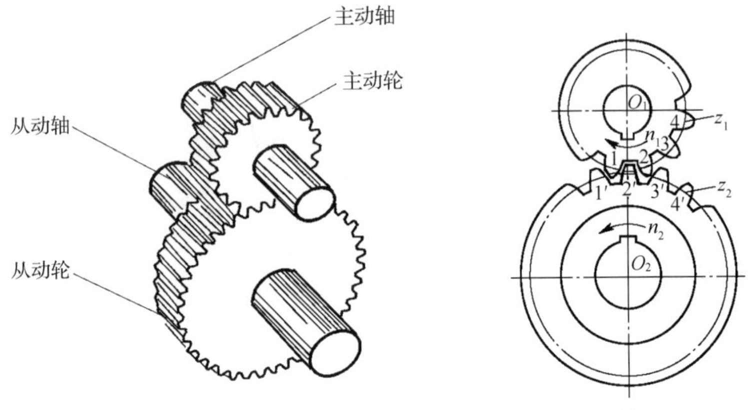

图 5-15　齿轮传动的基本结构

a）基本结构　b）齿轮的啮合

2. 齿轮传动的类型

根据一对齿轮啮合传动时的相对运动是平面运动还是空间运动，可将齿轮传动分为平面齿轮传动（两轴平行的齿轮传动）和空间齿轮传动（两轴不平行的齿轮传动）两大类。根据轮齿齿廓形状的不同，齿轮传动可分为渐开线齿轮传动、圆弧齿轮传动、摆线齿轮传动等。渐开线齿轮制造、安装方便，应用最广泛。齿轮传动的常用类型和运动方向见表 5-6。

表 5-6　齿轮传动的常用类型和运动方向

类型		图例	运动方向
两轴平行的齿轮传动	外啮合	 a) 直齿圆柱齿轮传动  b) 斜齿圆柱齿轮传动  c) 人字齿圆柱齿轮传动	主动轮、从动轮的转向相反
	内啮合	 直齿圆柱齿轮传动	主动轮、从动轮的转向相同

续表

<table>
<tr><th colspan="3">类型</th><th>图例</th><th>运动方向</th></tr>
<tr><td>两轴平行的齿轮传动</td><td colspan="2">齿轮齿条</td><td></td><td>将齿轮的转动转变为齿条的移动或将齿条的移动转变为齿轮的转动</td></tr>
<tr><td rowspan="3">两轴不平行的齿轮传动</td><td>相交轴齿轮传动</td><td>锥齿轮传动</td><td>
a) 直齿锥齿轮传动

b) 斜齿锥齿轮传动</td><td>主动轮、从动轮的转向同时指向啮合面或同时背离啮合面</td></tr>
<tr><td rowspan="2">交错轴齿轮传动</td><td>交错轴斜齿轮传动</td><td>
</td><td rowspan="2">传动回转方向用左、右手法则判别，具体判定方法见本章第4节“蜗杆传动”中的相关内容</td></tr>
<tr><td>蜗杆传动</td><td></td></tr>
</table>

3. 齿轮传动的特点

与其他传动相比，齿轮传动具有以下特点：

（1）瞬时传动比恒定，平稳性较高，传递运动准确、可靠。

（2）适用范围广，可实现平行轴、相交轴、交错轴之间的传动；传递的功率和圆周速度范围较宽，功率可达 5×10^4 kW，圆周速度可达 300 m/s。

（3）结构紧凑，工作可靠，可实现较大的传动比。

（4）传动效率高，使用寿命长。一般传递效率 η=0.94 ~ 0.99，寿命可达数年乃至数十年。

（5）齿轮的制造、安装要求较高。

（6）不适宜两轴中心距较大的场合。

二、齿轮传动的传动比

如图 5–15b 所示，齿轮传动的传动比是指主动齿轮和从动齿轮转速的比值，等于两齿轮齿数的反比，即：

$$i_{12}=\frac{n_1}{n_2}=\frac{z_2}{z_1}$$

式中　n_1、z_1——主动齿轮转速、齿数；

　　　n_2、z_2——从动齿轮转速、齿数。

齿轮的传动比不宜过大；否则，会使结构尺寸过大，不利于制造和安装。小齿轮的齿数不宜太少；否则，在加工时易出现根切现象（见图 5–16），所以一般要求齿数≥ 17。大齿轮的齿数太多会使齿轮太大，其传动装置的结构不紧凑。

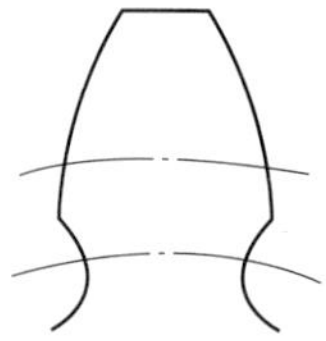

图 5–16　齿轮根切

一般要求圆柱齿轮传动的传动比 $i\leqslant8$，锥齿轮传动的传动比 $i\leqslant5$。

【例 5–1】一齿轮传动，已知主动齿轮转速为 1 500 r/min，齿数 z_1=20，从动齿轮齿数 z_2=60。试计算传动比 i 和从动齿轮转速 n_2。

解：由传动比公式可得：

$$i_{12}=\frac{z_2}{z_1}=\frac{60}{20}=3$$

从动齿轮转速

$$n_2=\frac{n_1}{i_{12}}=\frac{1\ 500\ \text{r/min}}{3}=500\ \text{r/min}$$

三、渐开线齿轮

1. 渐开线齿轮的齿廓曲线

以渐开线作为齿廓曲线的齿轮称为渐开线齿轮。如图 5–17a 所示，在半径为 r_b 的圆上有一条直线 AB，当该直线在此圆周上做无滑动的纯滚动时，直线上任意一点 K 的轨迹 CKD 就称为渐开线。这个圆称为基圆，该直线称为发生线。

渐开线齿轮是应用最广泛的齿轮。渐开线齿轮轮齿的可用齿廓是由同一基圆的两条对称的渐开线组成的。

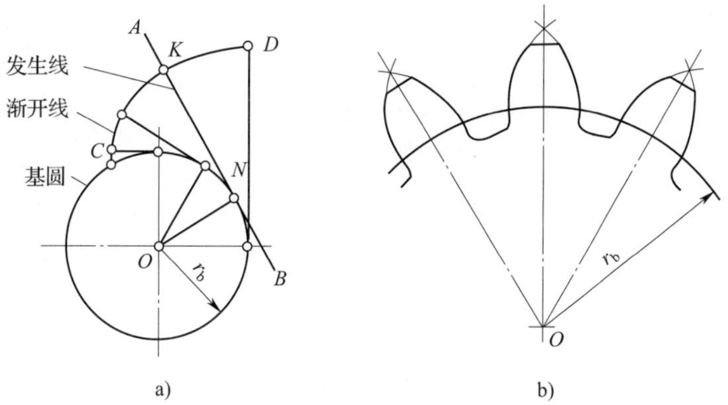

图 5–17　渐开线的形成及渐开线齿轮齿廓

a）渐开线的形成　b）渐开线齿轮齿廓

2. 渐开线直齿圆柱齿轮各部分名称和几何尺寸

如图 5–18 所示为渐开线直齿圆柱齿轮各部分名称，其主要几何要素见表 5–7。

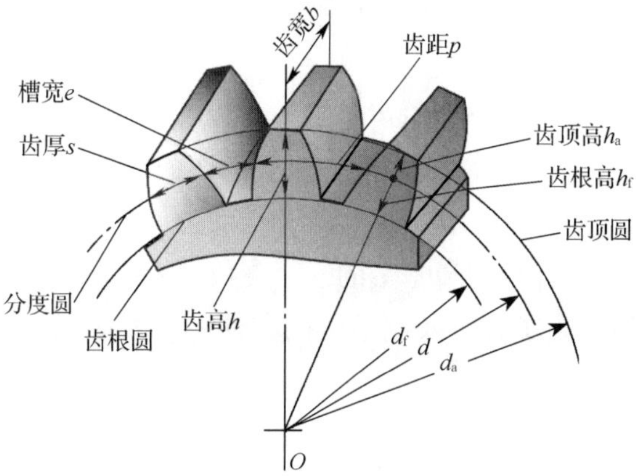

图 5–18　渐开线直齿圆柱齿轮各部分名称

表 5–7　标准直齿圆柱齿轮主要几何要素

名称	定义	代号及说明
齿顶圆	在圆柱齿轮上，其齿顶所在的圆称为齿顶圆	直径用 d_a 表示，单位为 mm
齿根圆	在圆柱齿轮上，齿槽底所在的圆称为齿根圆	直径用 d_f 表示，单位为 mm
分度圆	在圆柱齿轮上，作为齿轮尺寸基准的圆称为分度圆	直径用 d 表示，单位为 mm
齿距	在圆柱齿轮上，两个相邻而同侧的端面齿廓之间的分度圆弧长称为齿距	用 p 表示，单位为 mm
齿厚	在圆柱齿轮上，一个齿的两侧端面齿廓之间的分度圆弧长称为齿厚	用 s 表示，单位为 mm

续表

名称	定义	代号及说明
槽宽	圆柱齿轮上两相邻轮齿之间的空间称为齿槽，一个齿槽两侧齿廓之间的分度圆弧长称为槽宽	用 e 表示，单位为 mm
齿顶高	齿顶圆与分度圆之间的径向距离称为齿顶高	用 h_a 表示，单位为 mm
齿根高	齿根圆与分度圆之间的径向距离称为齿根高	用 h_f 表示，单位为 mm
齿高	齿顶圆和齿根圆之间的径向距离称为齿高	用 h 表示，单位为 mm
齿宽	圆柱齿轮的有齿部位沿分度圆柱面的直线方向度量的宽度称为齿宽	用 b 表示，单位为 mm
中心距	一对啮合齿轮两轴线之间的最短距离称为中心距	用 a 表示，单位为 mm

3. 渐开线直齿圆柱齿轮的基本参数

直齿圆柱齿轮的基本参数有齿数 z、模数 m、压力角 α 、齿顶高系数 h_a^* 和顶隙系数 c^* 五个。基本参数是计算齿轮各部分几何尺寸的依据。

（1）齿数

在齿轮整个圆周上均匀分布的轮齿总数称为齿数，用 z 表示。齿数越多，齿轮的几何尺寸越大，齿轮渐开线的曲率半径也越大，齿廓曲线越趋平直。

（2）模数

模数是齿轮几何尺寸计算中最基本的一个参数。齿距除以圆周率所得的商称为模数，由于 π 为无理数，为了计算及制造上的方便，人为地把 p/π 规定为有理数，用 m 表示，模数单位为 mm，即：

$$m=\frac{p}{\pi}=\frac{d}{z}$$

模数直接影响齿轮的大小、轮齿齿形和强度的高低。对于相同齿数的齿轮，模数越大，齿轮的几何尺寸越大，轮齿越大，因此承载能力也越大；反之，模数越小，轮齿越小，因此承载能力也越小。

国家标准规定的标准模数系列见表 5-8。

表 5-8　标准模数系列（GB/T 1357—2008）　　mm

第一系列	1	1.25	1.5	2	2.5	3	4	5	6
	8	10	12	16	20	25	32	40	50
第二系列	1.125	1.375	1.75	2.25	2.75	3.5	4.5	5.5	（6.5）
	7	9	11	14	18	22	28	36	45

注：1. 表中模数对于斜齿轮是指法向模数。

2. 选取时，优先采用第一系列模数，括号内的模数尽可能不用。

（3）压力角

压力角是齿轮的又一个重要基本参数。就单个齿轮而言，在端平面上，过端面齿廓上任意一点的径向直线与齿廓在该点的切线所夹的锐角为该点的压力角，用 α 表示。由渐开线的性质可知：渐开线上各点的压力角是不相等的，在同一基圆的渐开线上，离基圆越远的点，压力角越大；离基圆越近的点，压力角越小。对于渐开线齿轮，通常所说的压力角是指分度圆上的压力角。渐开线圆柱齿轮分度圆上压力角 α 的大小可用下式表示：

$$\cos\alpha = \frac{r_b}{r}$$

式中　α——分度圆上的压力角，（°）；

r_b——基圆半径，mm；

r——分度圆半径，mm。

如图 5-19 所示，分度圆上压力角的大小对轮齿的形状有影响。由上式可知，当分度圆半径 r 不变时，压力角减小，则基圆半径 r_b 增大，轮齿的齿顶变宽，齿根变瘦，使轮齿的承载能力降低；压力角增大，则基圆半径 r_b 减小，轮齿的齿顶变尖，齿根变厚，使轮齿的承载能力增大，但传动较费力。综合考虑齿轮传动性能和轮齿的承载能力，我国规定渐开线圆柱齿轮分度圆上的压力角 $\alpha=20°$。也就是说采用渐开线上压力角 $\alpha=20°$ 左右的一段作为轮齿的齿廓曲线，而不是任意段的渐开线。

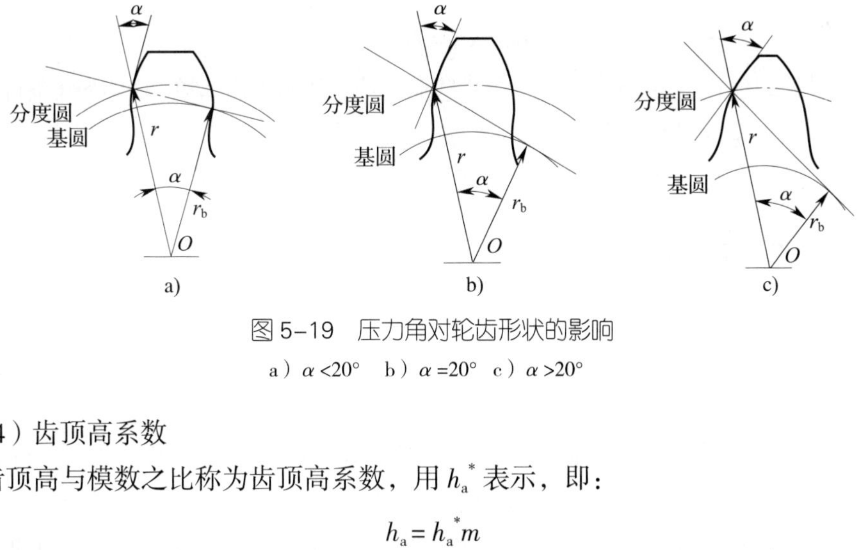

图 5-19　压力角对轮齿形状的影响

a）$\alpha<20°$　b）$\alpha=20°$　c）$\alpha>20°$

（4）齿顶高系数

齿顶高与模数之比称为齿顶高系数，用 h_a^* 表示，即：

$$h_a = h_a^* m$$

标准直齿圆柱齿轮的齿顶高系数 $h_a^*=1$。

（5）顶隙系数

当一对齿轮啮合时，为使一个齿轮的齿顶面与另一个齿轮的齿槽底面不相抵触，轮齿的齿根高 h_f 应大于齿顶高 h_a，以保证两齿轮啮合时一齿轮的齿顶与另一齿轮的槽底间有一定的径向间隙，称为顶隙。顶隙在齿轮的齿根圆柱面与配对齿轮的齿顶圆柱面之间的连心线上度量，用 c 表示。

顶隙与模数之比称为顶隙系数，用 c^* 表示，即：

$$c=c^*m$$

所以：

$$h_f=h_a+c=(h_a^*+c^*)m$$

标准直齿圆柱齿轮的顶隙系数 $c^*=0.25$。

$$分度圆直径\ d=mz$$

$$齿顶圆直径\ d_a=m(z+2)$$

$$齿根圆直径\ d_f=m(z-2.5)$$

顶隙还可以储存润滑油，有利于齿面的润滑。

四、直齿齿轮传动正确啮合条件

一对齿轮能连续顺利地传动，各对轮齿必须依次正确啮合而互不干涉。为保证传动时不出现因两齿廓局部重叠或侧隙过大而引起的卡死或冲击现象，必须使两轮的基圆齿距相等，即：

$$p_{b1}=p_{b2}$$

由 $p_b=p\cos\alpha=\pi m\cos\alpha$ 可得：

$$m_1\cos\alpha_1=m_2\cos\alpha_2$$

由于齿轮副的模数 m 和压力角 α 都是标准值，因此齿轮副的正确啮合条件如下：

第一，两齿轮的模数必须相等，$m_1=m_2$。

第二，两齿轮分度圆上的压力角必须相等，$\alpha_1=\alpha_2$。

五、齿轮传动的失效形式

齿轮传动的失效主要发生在轮齿。齿轮轮齿常见的失效形式有轮齿折断、齿面磨损、齿面点蚀、齿面胶合和齿面塑性变形。

1. 轮齿折断

在闭式齿轮传动中，当齿轮的齿面较硬时，容易出现轮齿折断现象。另外，齿轮受到突然过载时，也可能发生轮齿折断现象。

提高轮齿抗折断能力的措施包括：增大齿根过渡圆角半径及消除加工刀痕；提高轴和支承的刚度；采用合理的热处理方法使齿轮心部具有足够的韧性；进行喷丸、滚压等表面强化处理。

2. 齿面磨损

齿面磨损是开式齿轮传动的主要失效形式之一。改用闭式齿轮传动是避免齿面磨损的最有效方法。

3. 齿面点蚀

齿面点蚀是闭式齿轮传动的主要失效形式，特别是在软齿面上更容易产生。

提高齿面抗点蚀能力的措施包括：提高齿轮材料的硬度；在啮合的轮齿间加注润滑油可以减小摩擦，减缓点蚀。

4. 齿面胶合

对于高速重载的齿轮传动，容易发生齿面胶合现象。另外，低速重载的重型齿轮传动也会产生齿面胶合失效，即冷胶合。

提高齿面抗胶合能力的措施包括：提高齿面硬度和降低齿面表面粗糙度值；加强润滑措施，如采用抗胶合能力高的润滑油，在润滑油中加入添加剂等。

5. 齿面塑性变形

塑性变形属于轮齿永久变形一类的失效形式，它是由于在过大的应力作用下，轮齿材料处于屈服状态而产生的齿面或齿体塑性流动所形成的。塑性变形一般发生在硬度低的齿轮上；但在重载作用下，硬度高的齿轮上也会出现塑性变形。

第4节　蜗 杆 传 动

学习目标

1. 掌握蜗杆传动的特点、类型及传动比的计算。
2. 掌握蜗杆传动的主要参数与回转方向。
3. 了解蜗杆传动的失效形式。

一、蜗杆传动的基本结构、传动比、类型和特点

1. 蜗杆传动的基本结构

如图 5-20 所示，蜗杆传动是由蜗杆、蜗轮和机架组成的传动装置，用于传递空间两交错轴间的运动和动力。一般蜗杆与蜗轮的轴线在空间互相垂直交错成 90°。

通常情况下在传动中蜗杆是主动件，蜗轮是从动件。

图 5-20　蜗杆传动

2. 蜗杆传动的传动比

在蜗杆传动中，当蜗杆头数为 z_1、蜗轮的齿数为 z_2 时，用 n_1 和 n_2 分别表示蜗杆和蜗轮的转速，则蜗杆传动的传动比为：

$$i=\frac{n_1}{n_2}=\frac{z_2}{z_1}$$

式中　n_1、n_2——蜗杆、蜗轮的转速，r/min；

z_1——蜗杆的头数；

z_2——蜗轮的齿数。

3. 蜗杆传动的类型

蜗杆传动的类型见表 5-9。

表 5-9　蜗杆传动的类型

按蜗杆形状不同	圆柱蜗杆传动	阿基米德蜗杆
		渐开线蜗杆
		法向直廓蜗杆
	环面蜗杆传动	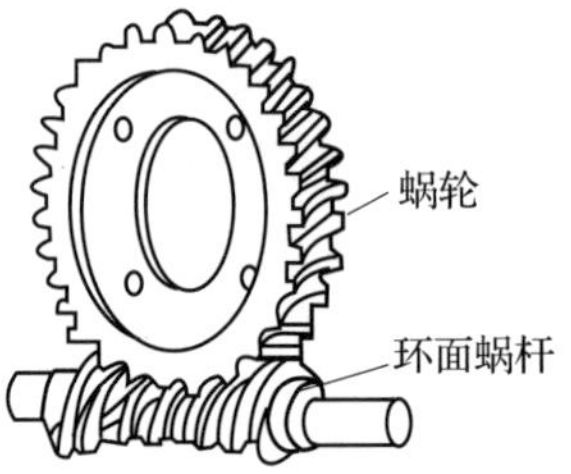
	锥蜗杆传动	
按蜗杆螺旋线方向不同	左旋蜗杆	
	右旋蜗杆	
按蜗杆头数不同	单头蜗杆	
	多头蜗杆	

4. 蜗杆传动的特点

（1）传动平稳，噪声低

由于蜗杆的齿为连续不断的螺旋形齿，在与蜗轮啮合时，是逐渐进入和退出啮合的，同时啮合的齿数又较多，因此，蜗杆传动比齿轮传动平稳，噪声低。

（2）传动比大且准确

蜗杆的头数为 1 ~ 6，远小于蜗轮的齿数，在一般传动中，传动比为 10 ~ 80，在分度机构中可达 600 ~ 1 000。这样大的传动比，如用齿轮传动则需要采用多级传动。由此可见，在传动比较大时，蜗杆传动具有结构紧凑的特点。此外，蜗杆传动和齿轮传动一样能保证传动比的准确性。

（3）承载能力较大

蜗杆与蜗轮啮合时为线接触，同时进入啮合的齿数较多，与点接触的交错轴斜齿轮传动相比，承载能力大。

（4）能够自锁

自锁时，只能用蜗杆带动蜗轮，而不能用蜗轮带动蜗杆。

（5）效率低

在蜗杆传动中，蜗轮齿沿蜗杆齿的螺旋线方向滑动速度大，摩擦较大，所以传动效率比齿轮传动和带传动都低。一般效率 η=0.7 ~ 0.9，具有自锁性的蜗杆传动效率约为 0.4。由于蜗杆传动效率较低，摩擦产生的热量较大，因此要求工作时具有良好的润滑和冷却条件。

（6）成本较高

为了减小摩擦，提高效率，延长使用寿命，蜗轮往往要用价格较高的青铜等减摩材料制造。

二、蜗杆传动的主要参数

蜗杆传动的主要参数有模数 m、压力角 α、蜗杆分度圆导程角 γ、蜗杆分度圆直径 d_1、蜗杆直径系数 q、蜗杆头数 z_1 和蜗轮齿数 z_2。

1. 模数 *m*、压力角 *α*

蜗杆的轴面模数 m_{x1} 和蜗轮的端面模数 m_{t2} 相等，且为标准值，即：

$$m_{x1}=m_{t2}=m$$

蜗杆模数已标准化，蜗杆模数系列见表 5-10。

表 5-10　蜗杆模数系列

第一系列	0.1	0.12	0.16	0.2	0.25	0.3	0.4	0.5	0.6	0.8	1	1.25	1.6	2
	2.5	3.15	4	5	6.3	8	10	12.5	16	20	25	31.5	40	
第二系列	0.7	0.9	1.5	3	3.5	4.5	5.5	6	7	12	14			

注：摘自 GB/T 10088—2018，优先采用第一系列。

蜗杆的轴面压力角 α_{x1} 和蜗轮的端面压力角 α_{t2} 相等，且为标准值，即：

$$\alpha_{x1}=\alpha_{t2}=\alpha=20°$$

2. 蜗杆分度圆导程角 γ

蜗杆分度圆导程角 γ 是指蜗杆分度圆柱螺旋线的切线与端平面之间所夹的锐角。z_1p_x 为螺旋线的导程，p_x 为轴向齿距，d_1 为蜗杆分度圆直径，则蜗杆分度圆导程角 γ 为：

$$\tan\gamma = \frac{z_1 p_X}{\pi d_1} = \frac{z_1 m}{d_1}$$

蜗杆分度圆导程角的大小直接影响蜗杆的传动效率。蜗杆分度圆导程角大，传动效率高，但自锁性差；蜗杆分度圆导程角小，蜗杆传动自锁性好，但传动效率低。

3. 蜗杆分度圆直径 d_1 和蜗杆直径系数 q

为了保证蜗杆传动的正确性，切制蜗轮的蜗轮滚刀的分度圆直径、模数和压力角必须与同该蜗轮相配的蜗杆的参数一致。蜗杆分度圆直径 d_1 不仅与模数有关，而且还与蜗杆头数 z_1 和蜗杆分度圆导程角 γ 有关。因此，即使模数 m 相同，也会有很多直径不同的蜗杆，所以，对于同一尺寸的蜗杆必须有一把对应的蜗轮滚刀，即对同一模数、不同直径的蜗杆，必须配相应数量的蜗轮滚刀，这一要求显然很不经济。在生产中为了使刀具标准化，限制蜗轮滚刀的数目，对一定模数 m 的蜗杆的分度圆直径 d_1 做了规定，即规定了蜗杆直径系数 q，且 $q=d_1/m$。

4. 蜗杆头数 z_1 和蜗轮齿数 z_2

一般推荐选用蜗杆头数 z_1=1、2、4、6。蜗杆头数越少，则蜗杆传动的传动比越大，容易自锁，传动效率较低；蜗杆头数越多，传动效率越高，但加工也越困难。

蜗轮齿数 z_2 可根据蜗杆头数 z_1 和传动比 i 来确定。

三、蜗杆传动的回转方向

1. 蜗杆、蜗轮螺旋方向的判别

蜗杆、蜗轮的螺旋方向可用右手法则判别，如图 5–21 所示。使右手手心对着自己，四指顺着蜗杆或蜗轮的轴线方向摆正，若齿向与右手拇指指向一致，则该蜗杆或蜗轮为右旋；反之则为左旋。

2. 蜗轮的回转方向

蜗轮的回转方向不仅与蜗杆的回转方向有关，还与蜗杆的螺旋方向有关。蜗轮回转方向的判别方法如下：当蜗杆是右旋（或左旋）时，伸出右手（或左手）半握拳，使四指顺着蜗杆的回转方向，蜗轮的回转方向与拇指指向相反，如图 5–22 所示。

四、蜗杆传动的失效形式

蜗杆传动的失效形式与齿轮传动基本相似，在蜗杆传动中，蜗轮轮齿的失效形式有点蚀、磨损、胶合和轮齿弯曲折断。一般因蜗杆传动效率较低，滑动速度较大，容易发热等，故胶合和磨损破坏更为常见。

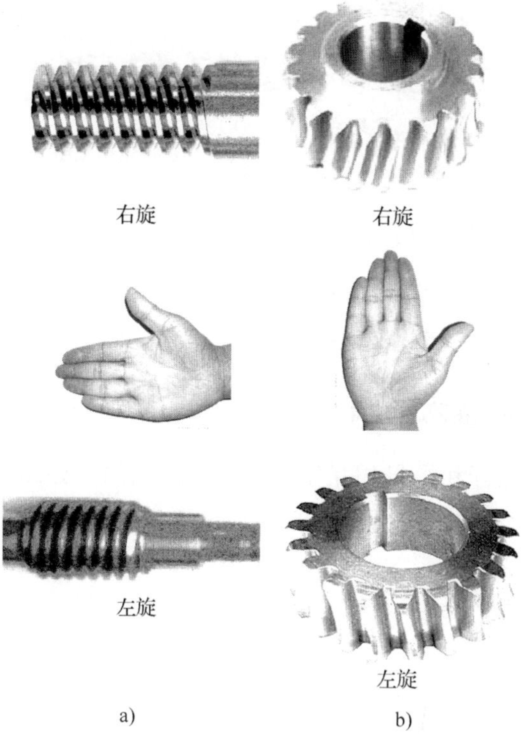

图 5-21　蜗杆、蜗轮螺旋方向的判别

a）蜗杆　b）蜗轮

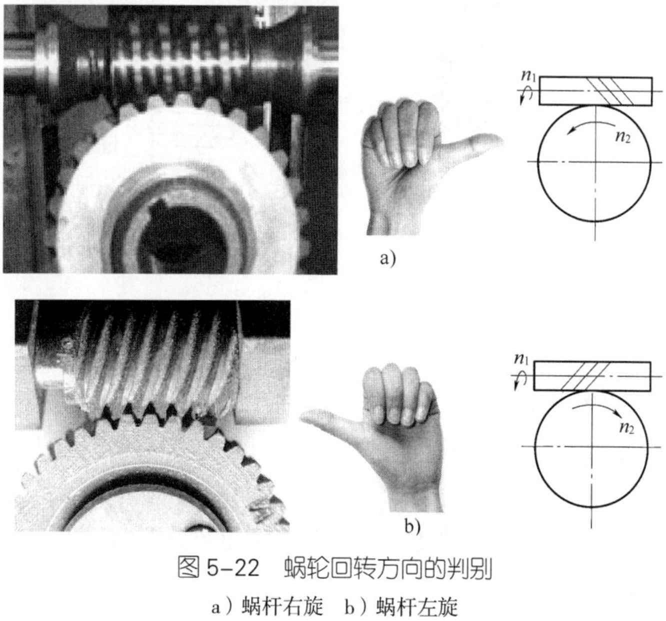

图 5-22　蜗轮回转方向的判别

a）蜗杆右旋　b）蜗杆左旋

第5节　螺旋传动

学习目标

1. 了解螺旋传动的基本结构。
2. 掌握螺旋传动的类型和特点。

一、螺旋传动的基本结构

螺旋传动是利用螺杆和螺母相互作用来实现传动的。如图 5–23 所示为螺旋千斤顶，转动手柄，螺母固定不动，螺杆做向上或向下的直线运动。每转动手柄一周，螺杆上升或下降一个导程。

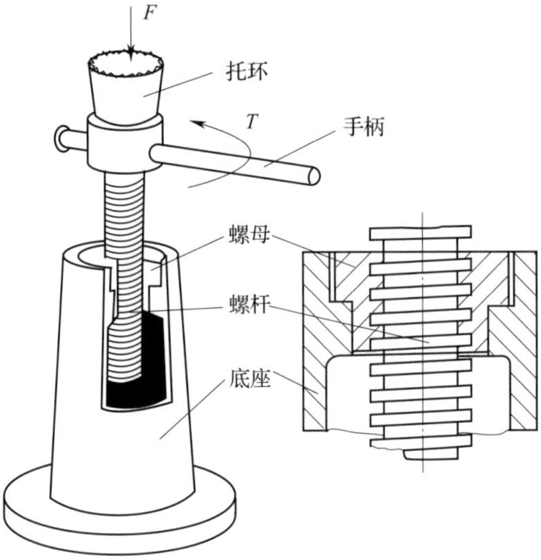

图 5–23　螺旋千斤顶

二、螺旋传动的类型和特点

螺旋传动具有结构简单，工作连续、平稳，承载能力强，传动精度高等特点，广泛应用于各种机械和仪器中。

常用的螺旋传动有普通螺旋传动、差动螺旋传动和滚珠螺旋传动等。

1. 普通螺旋传动

由螺杆和螺母实现的传动称为普通螺旋传动。普通螺旋传动的应用形式和工作过程见表 5–11。

表 5-11　普通螺旋传动的应用形式和工作过程

应用形式	应用实例	工作过程
螺母固定不动，螺杆回转并做直线运动	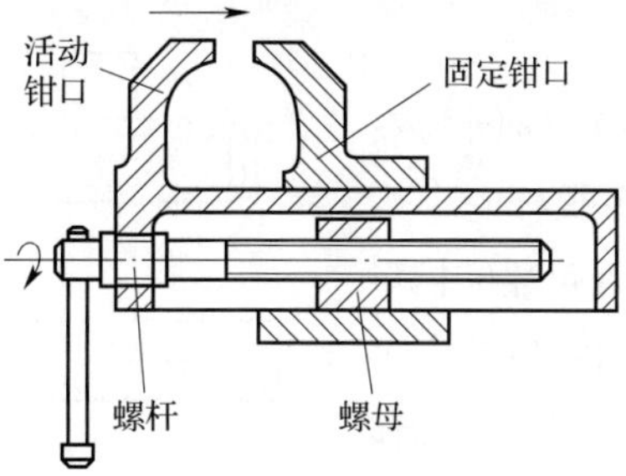 台虎钳	当螺杆按图示方向相对于螺母做回转运动时，螺杆连同活动钳口向右做直线运动，与固定钳口实现对工件的夹紧；当螺杆反向回转时，活动钳口随螺杆左移，松开工件
螺杆固定不动，螺母回转并做直线运动	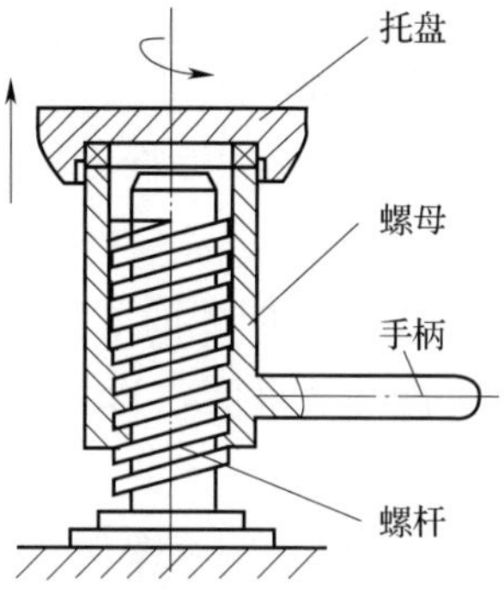 螺旋千斤顶	螺杆连接于底座上固定不动，转动手柄使螺母回转，并做上升或下降的直线移动，从而举起或放下托盘
螺杆回转，螺母做直线运动	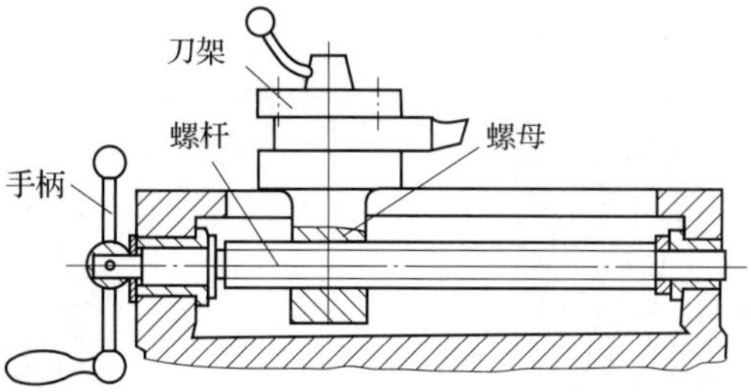 车床刀架	转动手柄时，与手柄固接在一起的螺杆（丝杆）便通过螺母带动刀架做横向往复运动，从而在车削工件时实现进刀和退刀
螺母回转，螺杆做直线运动	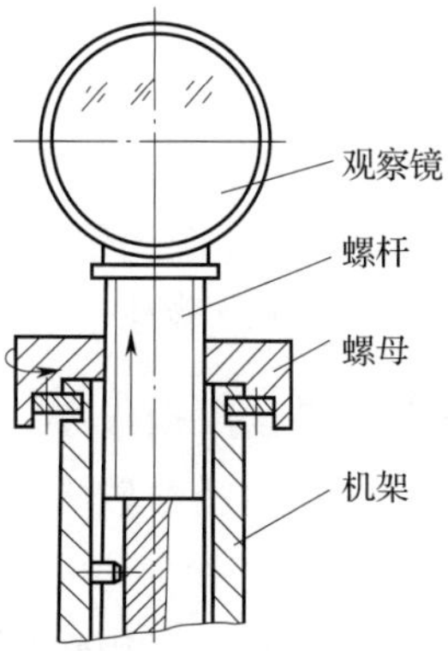 观察镜螺旋调整装置	螺杆和螺母为左旋螺纹。当螺母按图示方向做回转运动时，螺杆带动观察镜向上移动；螺母反向回转时，螺杆带动观察镜向下移动，从而实现对观察镜的上下调整

2. 差动螺旋传动

由两组螺母与螺杆的共同作用产生差动（即不一致）的螺旋传动称为差动螺旋传动，如图 5–24 所示。

设固定螺母和活动螺母的旋向同为右旋，当按图 5–24 所示方向回转螺杆时，螺杆相对固定螺母向左移动，而活动螺母相对螺杆向右移动，这样活动螺母相对机架实现差动移动，螺杆每转一周，活动螺母实际移动距离为两段螺纹的导程之差。如果固定螺母的螺纹旋向仍为右旋，活动螺母的螺纹旋向为左旋，则回转螺杆时，螺杆相对固定螺母左移，活动螺母也相对螺杆左移，螺杆每转一周，活动螺母实际移动距离为两段螺纹的导程之和。

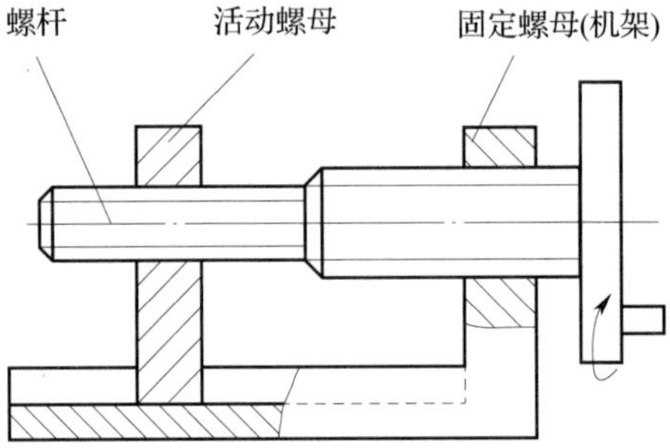

图 5–24　差动螺旋传动

3. 滚珠螺旋传动

在普通螺旋传动中，由于螺杆与螺母牙侧表面之间的相对摩擦运动是滑动摩擦，因此，摩擦阻力大，摩擦损失严重，传动效率低。为了改善螺旋传动的性能，经常采用滚珠螺旋传动，用滚动摩擦来代替滑动摩擦。

滚珠螺旋传动主要由滚珠、螺杆、螺母和滚珠循环装置组成，如图 5–25 所示。当螺杆或螺母转动时，滚珠在螺杆与螺母间的螺纹滚道内滚动，使螺杆和螺母间为滚动摩擦，从而提高传动效率和传动精度。

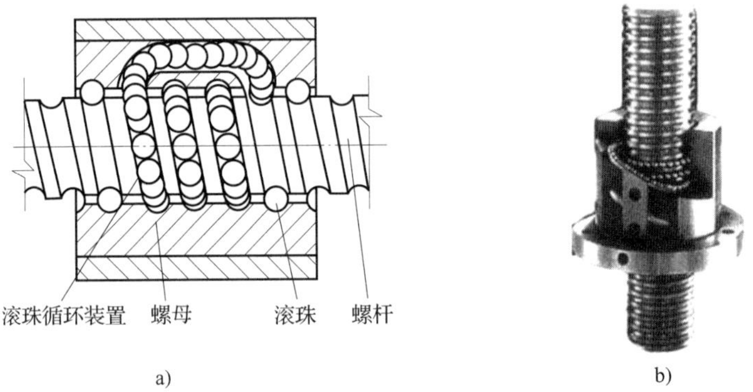

图 5–25　滚珠螺旋传动

a）结构　b）实物图

滚珠螺旋传动具有滚动摩擦阻力小、摩擦损失小、传动效率高、传动时运动稳定、动作灵敏等优点。但其结构复杂，外形尺寸较大，制造技术要求高，因此成本也较高，而且自锁性差。目前主要应用于精密传动的数控机床（滚珠丝杠传动）以及自动控制装置、升降机构、精密测量仪器、车辆转向机构等对传动精度要求较高的场合。

第6节 齿 轮 系

学习目标

1. 掌握齿轮系的分类和应用特点。
2. 掌握定轴齿轮系中各轮转向的判断方法。
3. 掌握定轴齿轮系传动比的计算方法。

由两个互相啮合的齿轮所组成的齿轮机构是齿轮传动中最简单的形式。在机械传动中，有时为了获得较大的传动比，或将主动轴的一种转速变换为从动轴的多种转速，或需要改变从动轴的旋转方向，往往采用一系列相互啮合的齿轮，将主动轴和从动轴连接起来组成传动机构。这种由一系列相互啮合的齿轮所组成的传动系统称为齿轮系。

一、齿轮系的分类

齿轮系的形式很多，按照齿轮系传动时各齿轮的轴线位置是否固定，可以将齿轮系分为定轴齿轮系、周转齿轮系和混合齿轮系三大类。

1. 定轴齿轮系

当齿轮系运转时，所有齿轮的几何轴线位置相对于机架固定不变，这种齿轮系称为定轴齿轮系，又称普通齿轮系，如图 5-26 所示。

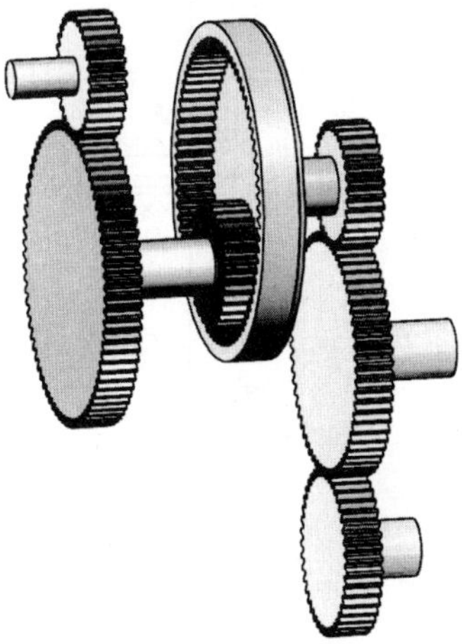
a)

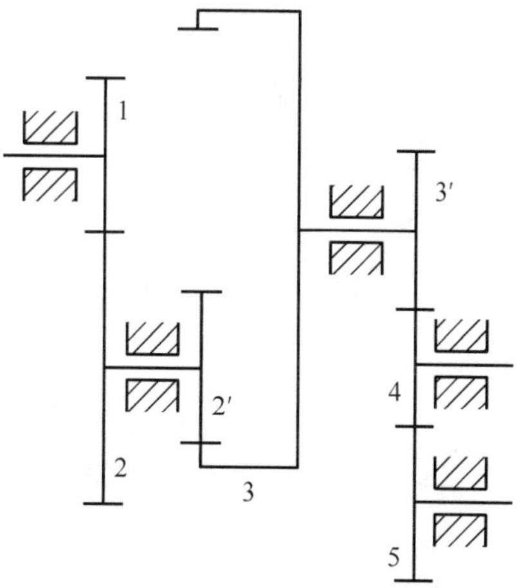

b)

图 5-26 定轴齿轮系

a）立体图 b）运动结构简图

2. 周转齿轮系

齿轮系运转时，至少有一个齿轮的几何轴线相对于机架的位置是不固定的，而是绕另一个齿轮的几何轴线转动，这种齿轮系称为周转齿轮系。

周转齿轮系由太阳轮、行星齿轮和行星架组成。太阳轮是位于中心位置且绕轴线回转的内齿轮或外齿轮。行星齿轮是同时与太阳轮和齿圈啮合，既做自转又做公转的齿轮。行星架是支承行星齿轮的构件。

周转齿轮系分为行星齿轮系与差动齿轮系两种。行星齿轮系是指有一个太阳轮的转速为零的周转齿轮系，如图 5–27 所示。差动齿轮系是指太阳轮的转速都不为零的周转齿轮系，如图 5–28 所示。

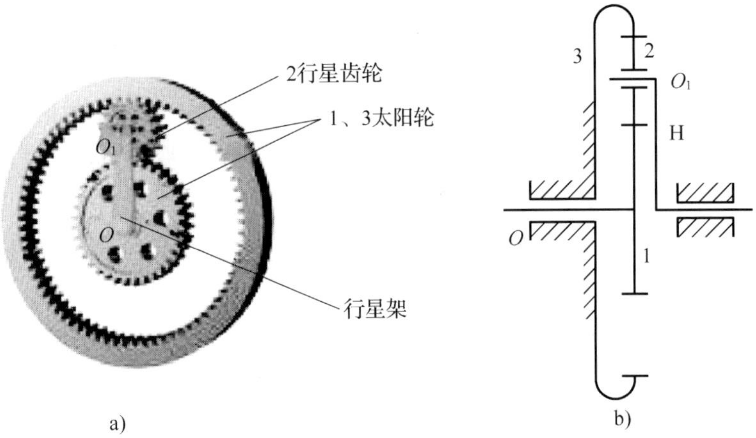

图 5–27　行星齿轮系

a）立体图　b）运动结构简图

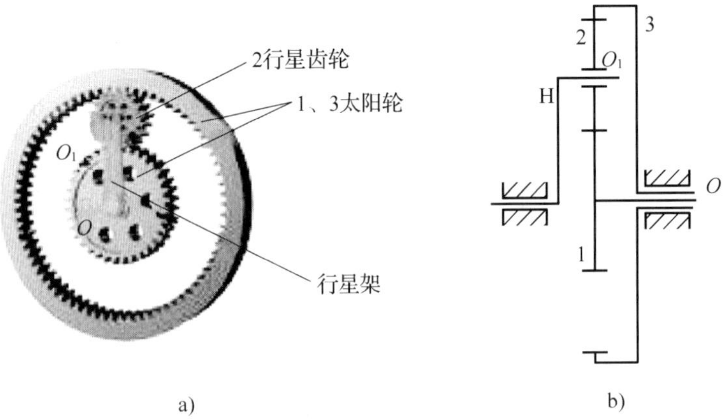

图 5–28　差动齿轮系

a）立体图　b）运动结构简图

3. 混合齿轮系

在齿轮系中，既有定轴齿轮系又有周转齿轮系，这种齿轮系称为混合齿轮系，如图 5–29 所示。

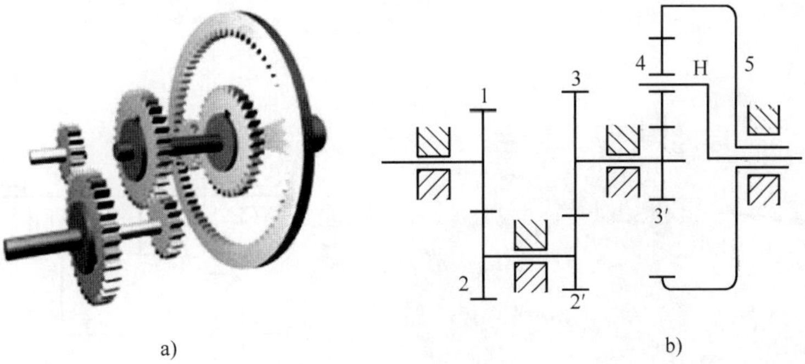

图 5–29　混合齿轮系

a）立体图　b）运动结构简图

二、齿轮系的应用特点

1. 可获得很大的传动比

一对齿轮传动的传动比不能过大（一般 i_{12}=3 ～ 5，i_{max} ≤ 8），而采用齿轮系传动可以获得很大的传动比，以满足低速工作的要求。

2. 可做较远距离的传动

两轴中心距较大时，如用一对齿轮传动，则两齿轮的结构尺寸必然很大，导致传动机构庞大。而采用齿轮系传动，可使结构紧凑，缩小传动装置的空间，节约材料，如图 5–30 所示。

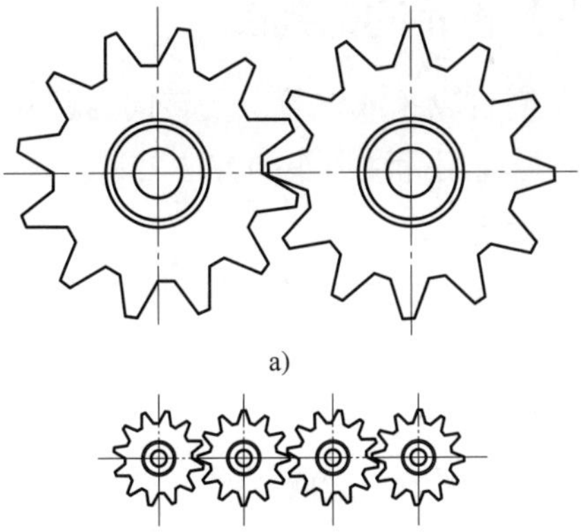

b)

图 5–30　远距离传动

a）一对齿轮传动　b）齿轮系传动

3. 可以方便地实现变速和变向要求

在金属切削机床、汽车等机械设备中，经过齿轮系传动，可使输出轴获得多级转速，以满足不同工作的要求。

如图 5–31 所示，齿轮 1、2 是双联滑移齿轮，可在轴 Ⅰ 上滑移。当齿轮 1 和齿轮 3 啮合时，轴 Ⅱ 获得一种转速；当滑移齿轮右移，使齿轮 2 和齿轮 4 啮合时，轴 Ⅱ 获得另一种转速（齿轮 1、3 和齿轮 2、4 的传动比不同）。

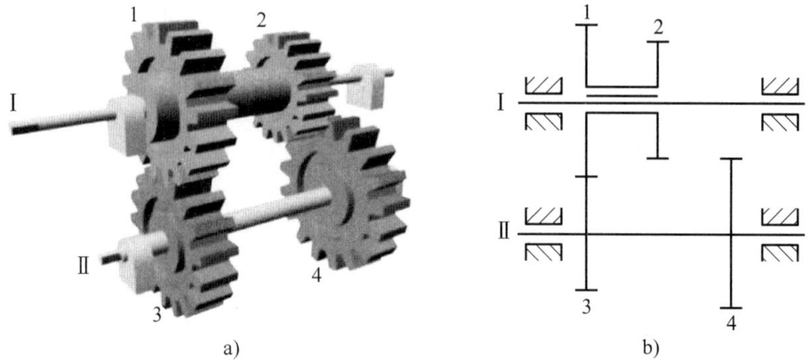

图 5-31　滑移齿轮变速机构

a）立体图　b）运动结构简图

当齿轮 1（主动齿轮）与齿轮 3（从动齿轮）直接啮合时，齿轮 3 和齿轮 1 的转向相反。若在两齿轮之间增加一个齿轮，则齿轮 3 和齿轮 1 的转向相同。因此，利用中间齿轮（又称惰轮或过桥轮）可以改变从动齿轮的转向。

4. 可以实现运动的合成与分解

采用行星齿轮系可以将两个独立的运动合成为一个运动，或将一个运动分解为两个独立的运动。

三、定轴齿轮系中各轮转向的判断

一组相互啮合的齿轮，当首轮（或末轮）的转向为已知时，其末轮（或首轮）的转向也就确定了。齿轮转向可以用标注箭头的方法表示。

1. 圆柱齿轮啮合——外啮合

齿轮转向用画箭头的方法表示，主、从动齿轮转向相反时，两箭头指向相反，如图 5-32 所示。

2. 圆柱齿轮啮合——内啮合

主、从动齿轮转向相同时，两箭头指向相同，如图 5-33 所示。

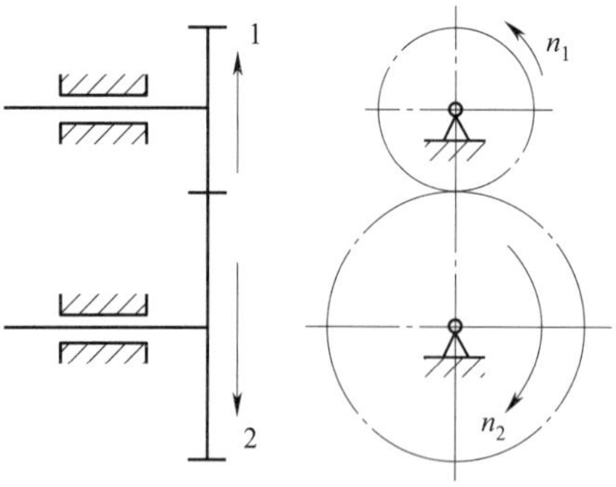

图 5-32　外啮合圆柱齿轮传动运动结构简图

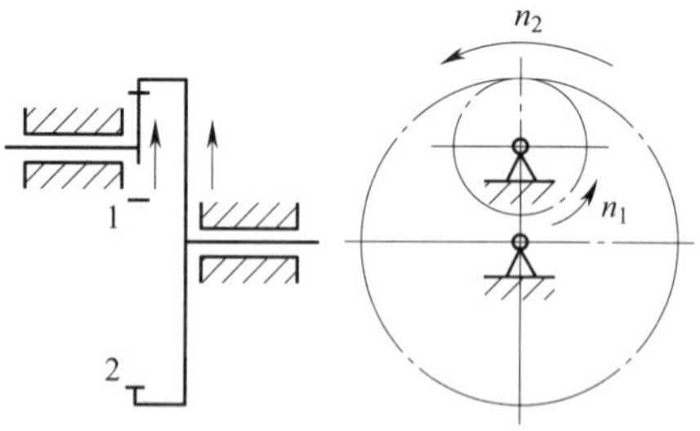

图 5-33　内啮合圆柱齿轮传动运动结构简图

3. 锥齿轮啮合传动

在锥齿轮啮合传动中，两箭头指向相背或相向于啮合点，如图 5–34 所示。

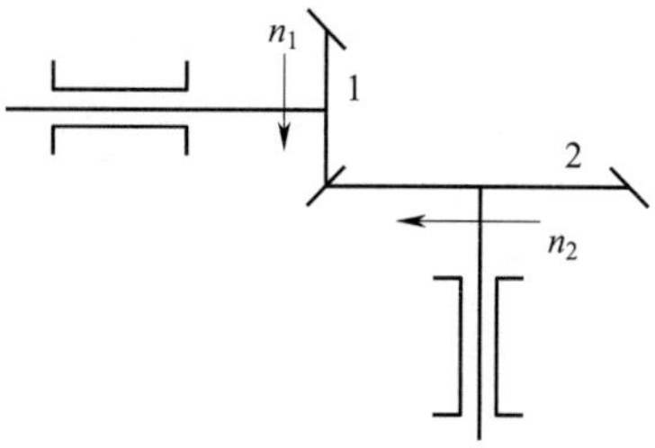

图 5–34 锥齿轮啮合传动运动结构简图

4. 齿轮系传动

齿轮系中各齿轮轴线相互平行时，其任意级从动齿轮的转向可以通过在图上依次标注箭头来确定，也可以通过数外啮合齿轮的对数来确定。若外啮合齿轮的对数是偶数，则首轮与末轮的转向相同；若为奇数，则转向相反。如图 5–35 所示的齿轮传动装置中共有两对外啮合齿轮（齿轮 1 与齿轮 2、齿轮 3 与齿轮 4），故齿轮 1 和齿轮 5 的转向相同。

若齿轮系中含有锥齿轮、蜗轮蜗杆或齿轮齿条时，只能用标注箭头的方法表示，如图 5–36 所示。

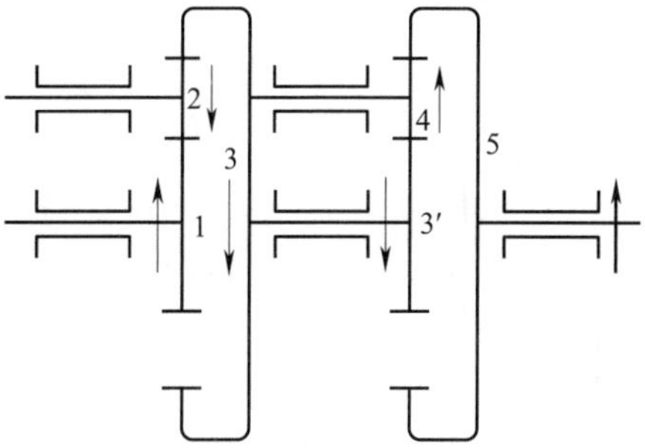

图 5–35 定轴齿轮系

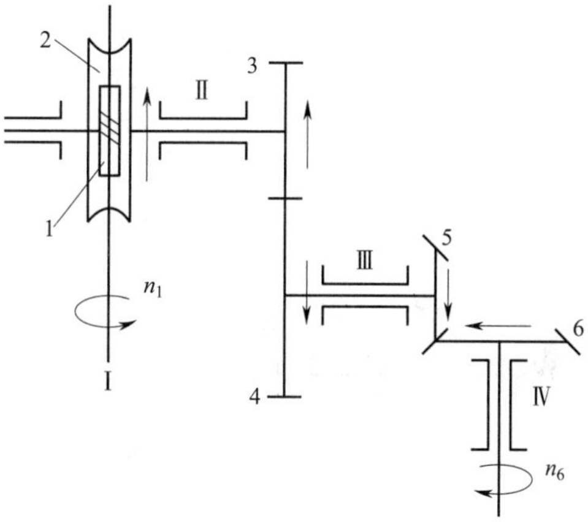

图 5–36 齿轮系中各齿轮转向的判定

四、传动比

1. 传动路线

不论齿轮系有多复杂，都应从输入轴（首轮转速 n_1）至输出轴（末轮转速 n_2）的传动路线入手进行分析。

如图 5–37 所示为一个两级齿轮传动装置，运动和动力是由轴Ⅰ经轴Ⅱ传到轴Ⅲ的。

【例 5–2】分析如图 5–38 所示齿轮系的传动路线。

该齿轮系的传动路线为：

$$\text{Ⅰ}\ (n_1) \rightarrow \frac{z_1}{z_2} \rightarrow \text{Ⅱ} \rightarrow \frac{z_3}{z_4} \rightarrow \text{Ⅲ} \rightarrow \frac{z_5}{z_6} \rightarrow \text{Ⅳ} \rightarrow \frac{z_7}{z_8} \rightarrow \text{Ⅴ} \rightarrow \frac{z_8}{z_9} \rightarrow \text{Ⅵ}\ (n_9)$$

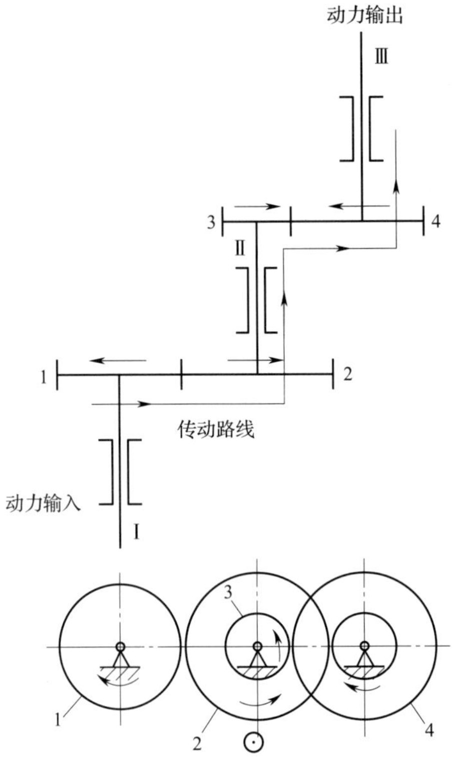

图 5-37　两级齿轮传动装置

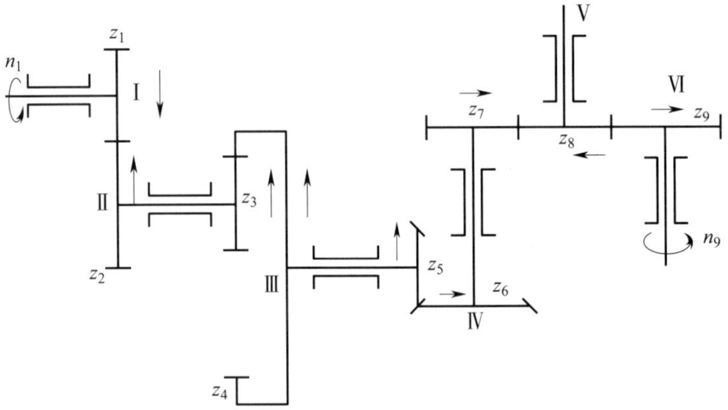

图 5-38　齿轮系

2. 传动比的计算

齿轮系的传动比等于首轮与末轮的转速之比，也等于齿轮系中所有从动齿轮齿数的连乘积与所有主动齿轮齿数的连乘积之比。

在平行定轴齿轮系中，若用 1 表示首轮，用 k 表示末轮，外啮合的次数为 m，则其总传动比为：

$$i_{\text{总}}=i_{1k}=\frac{(-1)^{m}(\text{各级齿轮副中从动齿轮齿数的连乘积})}{\text{各级齿轮副中主动齿轮齿数的连乘积}}$$

在上式中，当 i_{1k} 为正值时，表示首轮与末轮转向相同；反之，表示转向相反。转向也可以通过在图上依次标注箭头来确定。

3. 惰轮的应用

在齿轮系中既是从动齿轮又是主动齿轮，对总传动比毫无影响，但却起到了改变齿轮副中从动齿轮回转方向的作用，这样的齿轮称为惰轮，如图 5-39 所示。惰轮常用于传动距离稍远和需要改变转向的场合。显然，两齿轮间若有奇数个惰轮时，首、末两轮的转向相同；若有偶数个惰轮时，首、末两轮的转向相反。

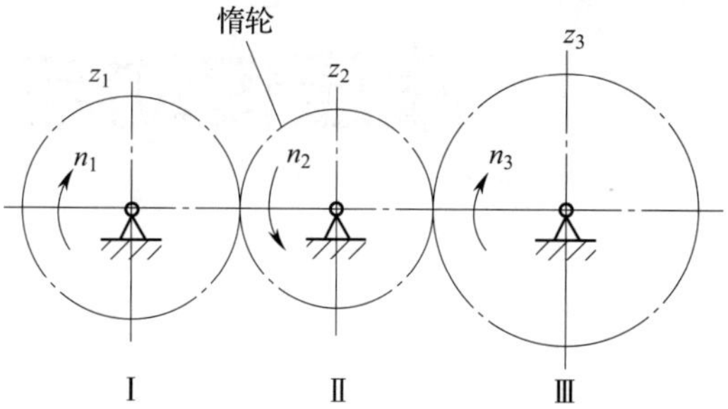

图 5-39　惰轮的应用

第6章 液压传动与气压传动

第1节 液压传动

学习目标

1. 了解液压传动的相关概念，掌握液压传动的基本原理和系统组成。
2. 掌握液压传动元件的功用、类型和图形符号。
3. 了解液压基本回路的工作过程。

液压传动是以液体（通常为油液）作为工作介质，利用液体的压力实现机械设备的运动、能量传递或控制功能的一种传动方式。随着科技的发展，液压传动在机床设备、工程机械、交通运输机械、农业机械、化工机械、船舶和航空航天等领域都得到了广泛的应用，如图6–1所示。

一、液压传动的基本概念

1. 液压系统压力的概念

油液的压力是由于油液自重和油液受到外力作用而产生的。在液压传动中，由于油液的自重而产生的压力一般很小，可忽略不计。因此本教材所说的油液压力主要是指因油液表面受外力（不计大气压力）作用所产生的压力，即相对压力或表压力。

如图6–2a所示，油液充满于密闭的液压缸左腔，当活塞受到向左的外力 F 作用时，液压缸左腔内的油液（被视为不可压缩）受活塞的作用而处于被挤压状态；同时，油液对活塞有一个反作用力 F_p 而使活塞处于平衡状态。不考虑活塞的自重，则活塞平衡时的受力情况如图6–2b所示。

图 6-1 液压传动的应用

a）工程机械上应用的液压传动系统 b）液压升降台 c）船舶上应用的液压传动系统

d）精密机床的液压传动系统 e）油压机 f）注塑机

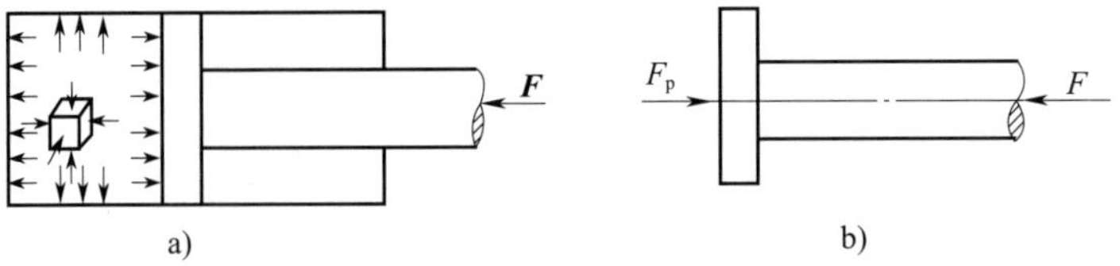

图 6-2　油液压力的形成

a）活塞受到外力　b）活塞处于平衡状态

作用于活塞的力有两个，一个是外力 F，另一个是油液作用于活塞的力 F_p，两力大小相等，方向相反。如果活塞的有效作用面积为 A，油液单位面积上承受的作用力称为压强，在工程上习惯称为压力，用符号 p 表示，即：

$$p=\frac{F}{A}$$

式中　p——油液的压力，Pa；

F——作用在油液表面的外力，N；

A——油液表面的承压面积，即活塞的有效作用面积，m^2。

在液压传动中，压力按其大小分为五级，见表 6-1。

表 6-1　液压传动的压力分级　MPa

压力分级	低压	中压	中高压	高压	超高压
压力范围	$p \leqslant 2.5$	$2.5<p \leqslant 8.0$	$8.0<p \leqslant 16$	$16.0<p \leqslant 32.0$	$p>32.0$

2. 液压系统压力的建立

如图 6-3 所示，液压泵的出油腔、液压缸左腔和连接管道组成一个密封容积。液压泵启动后，从油箱中吸入油液并将其推入液压缸这个密封容积中，但活塞因受到负载 F 的作用而阻碍这个密封容积的扩大，于是其中的油液受到压缩，压力就升高。当压力升高到能克服负载 F 时，活塞才能被压力油所推动。此时，$p \geqslant \frac{F}{A}$。

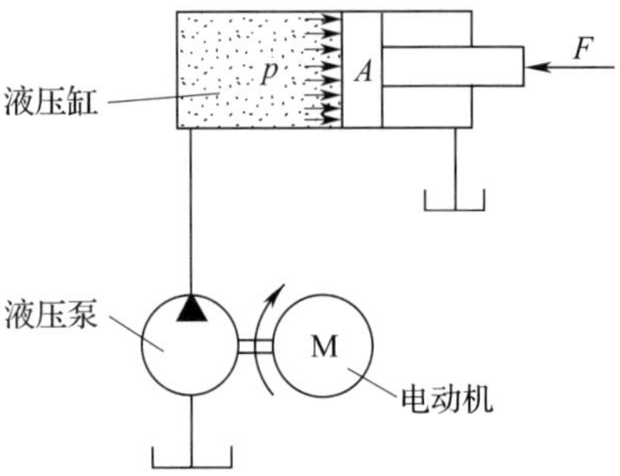

图 6-3　液压系统中压力的形成

可见，液压系统中油液的压力是由于油液的前面受负载阻力的阻挡，后面受液压泵输出油液的不断推动而处于一种“前阻后推”的状态产生的，而压力的大小取决于负载。当然，液体的自重产生的压力一般较小，通常情况下忽略不计。

二、液压传动的基本原理和系统组成

液压传动以液体（通常是油液）作为工作介质，利用液体压力来传递动力和进行控制。它通过各种元件组成不同功能的基本回路，再由若干基本回路有机地组合成具有一定控制功能的传动系统。例如，可将来自液压泵、电动机的机械能转换为压力能，又通过管路、控制阀等元件，经执行元件（如液压缸或液压马达等）将液体的压力能转换成机械能，驱动负载并实现执行机构的运动。

1. 液压传动的基本原理

下面以液压千斤顶的工作原理为例说明液压传动的基本原理。如图 6–4 所示，缸体 2 和活塞 2 组成举升液压缸。杠杆、缸体 1、活塞 1、单向阀 1 和 2 组成手动液压泵。如提起杠杆手柄使活塞 1 向上移动，活塞 1 下端油腔容积增大，形成局部真空，这时单向阀 1 打开，通过油路从油箱中吸油；用力压下杠杆手柄，活塞 1 下移，活塞 1 下端油腔压力升高，单向阀 1 关闭，单向阀 2 打开，油腔中的油液经管道输入举升液压缸的下腔，迫使活塞 2 向上移动，顶起重物。当再次提起杠杆手柄吸油时，单向阀 2 自动关闭，使油液不能倒流，从而保证重物不会自行下落。不断地往复扳动杠杆手柄，就能不断地把油液压入举升液压缸下腔，逐渐将重物举起。如果打开放油阀，举升液压缸下腔的油液通过油路和放油阀流回油箱，重物就向下移动。这就是液压千斤顶的工作原理。

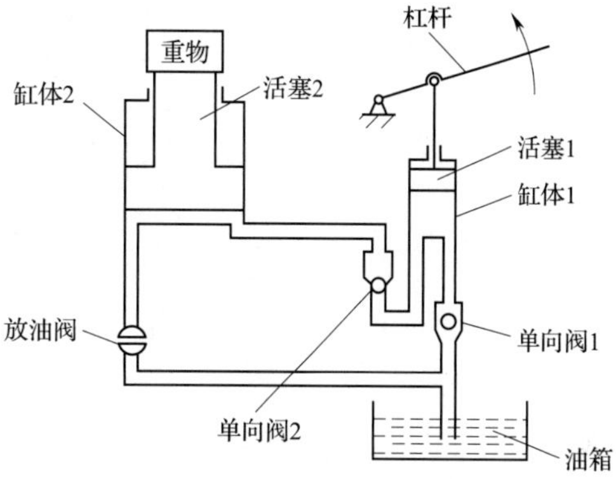

图 6–4 液压千斤顶的工作原理

2. 液压传动系统的组成

液压传动系统一般由动力元件、执行元件、控制元件和辅助元件组成。

（1）动力元件

动力元件将原动机输出的机械能转换为油液的压力能。能量转换元件为液压泵。

（2）执行元件

执行元件将液压泵输入的油液压力能转换为带动工作机构运动的机械能。执行元件有液压缸和液压马达。

（3）控制元件

控制元件用来控制及调节系统中油液的压力、流量、流动方向、系统执行元件的动作顺序，以保证执行元件按要求工作。控制元件有各种压力控制阀、流量控制阀和方向控制阀等。

（4）辅助元件

辅助元件将前面三种元件连接在一起，组成一个系统，起储油、过滤、测量和密封等作用，保证系统正常工作。辅助元件有管路、管接头、油箱、过滤器、蓄能器、密封件和控制仪表等。

如图 6–5 所示为机床工作台液压传动系统。其动力元件为液压泵，执行元件为双活塞杆液压缸，控制元件包括人力控制（手动）三位四通换向阀、节流阀和溢流阀，辅助元件包括油箱、过滤器、压力表和管路等。

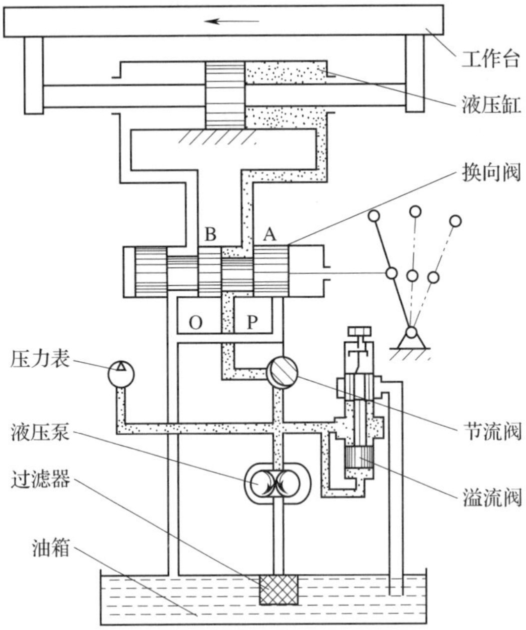

图 6–5　机床工作台液压传动系统

3. 液压元件的图形符号

如图 6–5 所示的机床工作台液压传动系统工作原理图直观性强，容易理解，但绘制起来比较麻烦，系统中元件数量多时，绘制更加不便。为了简化原理图的绘制，系统中各元件可用图形符号表示。如图 6–6 所示为用图形符号表示的机床工作台液压传动系统。这些符号只表示元件的职能（即功能）、控制方式和外部连接口，不表示元件的具体结构、参数以及连接口的实际位置和元件的安装位置。国家标准《流体传动系统及元件　图形符号和回路图　第 1 部分：圆形符号》（GB/T 786.1—2021）对液压、气动元（辅）件的图形符号做了具体规定。

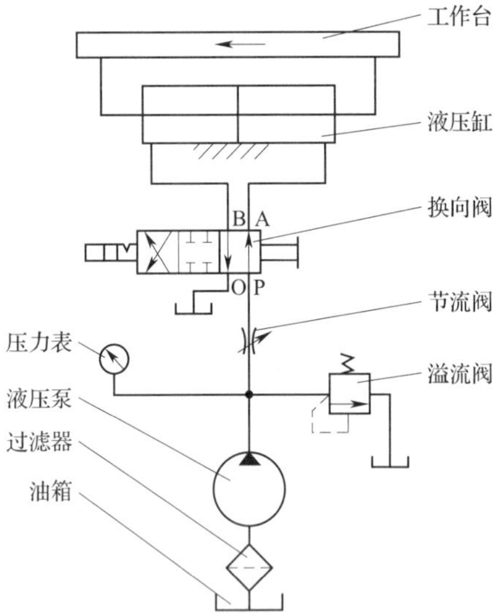

图 6–6　用图形符号表示的机床工作台液压传动系统

4. 液压传动的特点

液压传动与机械传动、电气传动相比，具有以下特点：

（1）优点

1）易于获得很大的力和力矩。

2）调速范围大，易实现无级调速。

3）质量轻，体积小，动作灵敏。

4）传动平稳，易于频繁换向。

5）易于实现过载保护。

6）便于采用电、液联合控制以实现自动化。

7）液压元件能够自动润滑，元件的使用寿命长。

8）液压元件易于实现系列化、标准化、通用化。

（2）缺点

1）传动效率较低。

2）液压系统产生故障时不易找到原因，维修困难。

3）为减少泄漏，液压元件的制造精度要求较高。

三、液压元件

1. 动力元件

液压泵是液压系统的动力元件，它是把电动机或其他原动机输出的机械能转换成液压能的装置，其作用是向液压系统提供压力油。

（1）液压泵的工作原理

液压泵的工作原理如图 6–7 所示。活塞、泵体及两个单向开启的阀门形成一密封容积。随着液压泵吸油、压油过程的循环进行，便实现了将机械能转换为油液压力能的能量转换。

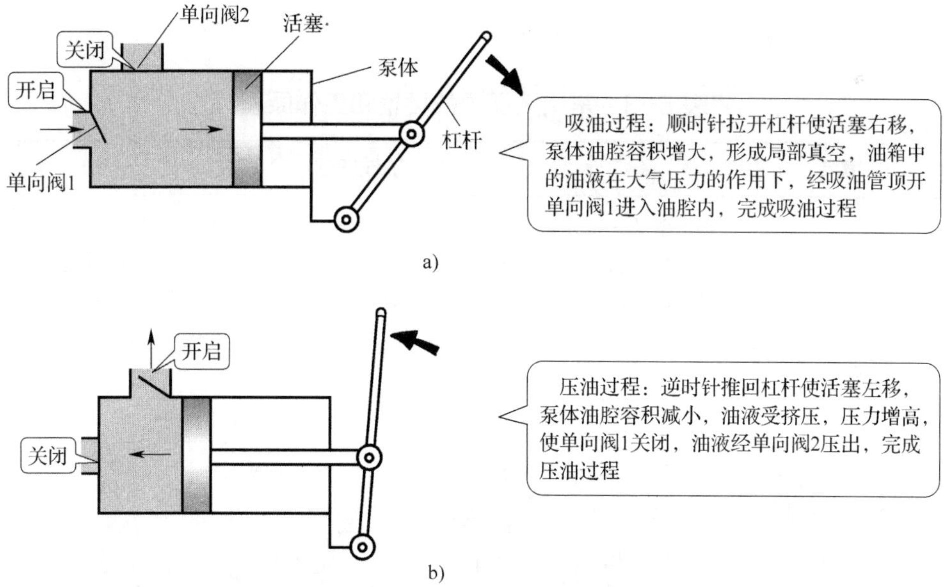

图 6–7　液压泵的工作原理

a）泵的吸油过程　b）泵的压油过程

（2）液压泵的类型及图形符号

1）液压泵的类型。液压传动系统中使用的液压泵种类繁多，按照结构不同，常用液压泵分为齿轮泵、叶片泵、柱塞泵、螺杆泵；按其输油方向能否改变分为单向泵、

第6章　液压传动与气压传动

双向泵；按其输出流量能否改变分为定量泵、变量泵；按其额定压力的高低分为低压泵、中压泵、高压泵。

2）液压泵的图形符号见表 6-2。

表 6-2　液压泵的图形符号

类型	图形符号	类型	图形符号
液压泵	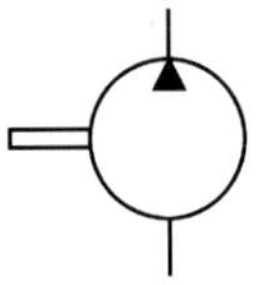	单向变量液压泵	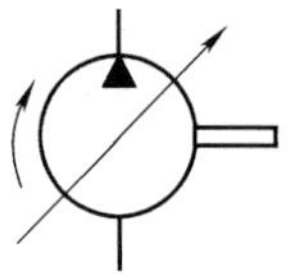
单向定量液压泵	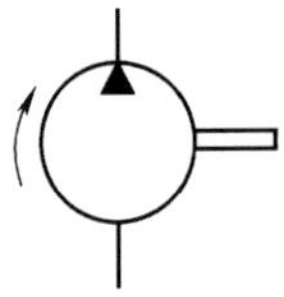	双向变量液压泵	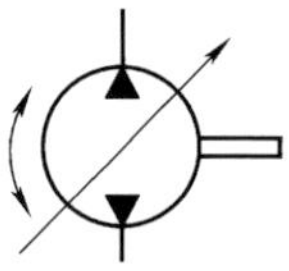
双向定量液压泵	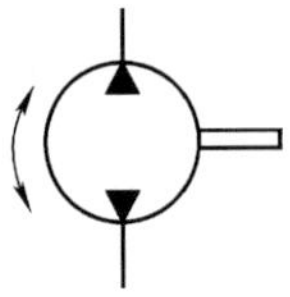		

3）常用液压泵的类型和工作原理见表 6-3。

表 6-3　常用液压泵的类型和工作原理

种类	类型	工作原理
齿轮泵	齿轮泵有外啮合齿轮泵和内啮合齿轮泵两种。外啮合齿轮泵结构简单，成本低，抗污和自吸性好，因此广泛应用于低压系统	齿轮泵是一种容积式回转泵。当一对啮合齿轮中的主动齿轮由电动机带动旋转时，从动齿轮与主动齿轮啮合而转动。在 A 腔，由于轮齿不断脱开啮合使容积逐渐增大，形成局部真空，从油箱吸油。随着齿轮的旋转，充满在齿槽内的油被带到 B 腔，B 腔中由于轮齿不断进入啮合，容积逐渐减小，把油排出 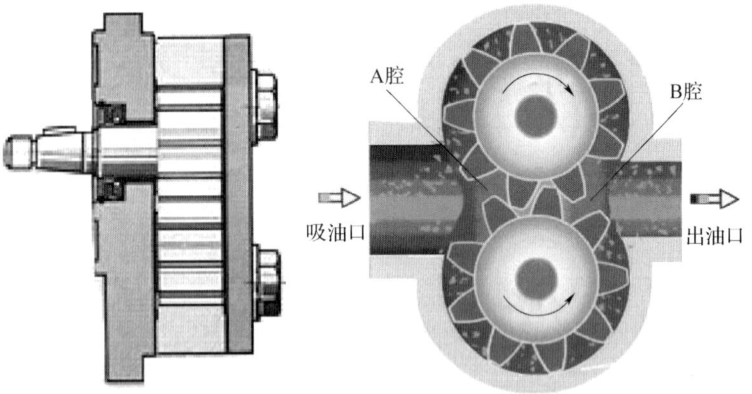 外啮合齿轮泵

续表

种类	类型	工作原理
叶片泵	根据工作方式的不同，叶片泵分为单作用式叶片泵和双作用式叶片泵两种。单作用式叶片泵一般为变量泵，双作用式叶片泵一般为定量泵	单作用式叶片泵（见图a）的工作原理如下：单作用式叶片泵主要由泵体、转子、定子、叶片和配油盘等组成。如图a所示，在吸油过程中，当转子回转时，由于离心力的作用，叶片顶部紧靠在定子内壁上，两相邻叶片与定子内表面、转子外表面及两端配油盘间构成了若干个密封容积。当转子按图示箭头方向回转时，右边的叶片逐渐伸出，相邻两叶片间的密封容积逐渐增大，形成局部真空，实现吸油。在压油过程中，左边的叶片被定子内壁逐渐压入槽内，密封容积逐渐减小，实现压油 双作用式叶片泵（见图b）的工作原理如下：转子旋转时，叶片在离心力和压力油的作用下，尖部紧贴在定子内表面。这样，两个叶片与转子和定子内表面所构成的工作容积先由小到大吸油，再由大到小排油。叶片旋转一周，完成两次吸油和两次排油 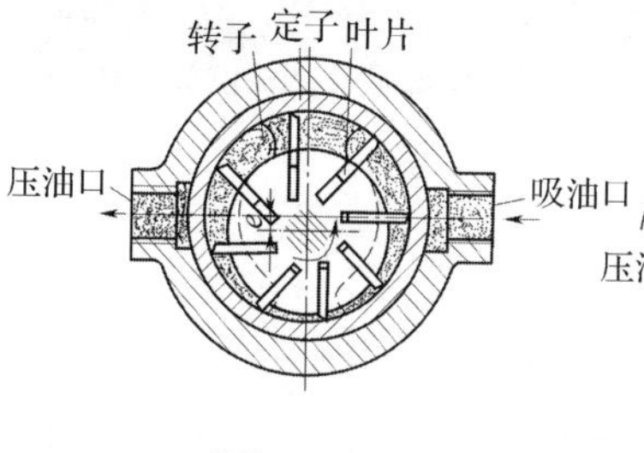 a) 单作用式叶片泵 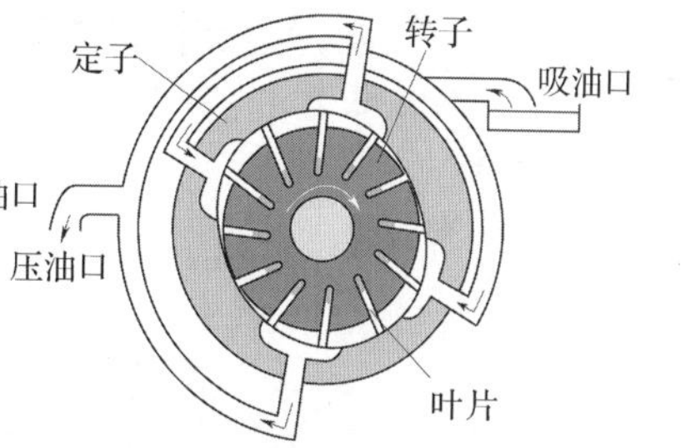 b) 双作用式叶片泵
柱塞泵	按照柱塞排列方向的不同，柱塞泵分为径向柱塞泵和轴向柱塞泵两种。径向柱塞泵因其结构特点使应用受到限制	轴向柱塞泵是利用与传动轴平行的柱塞在柱塞孔内往复运动所产生的容积变化进行工作的。柱塞泵由缸体与柱塞构成，柱塞在缸体内做往复运动，在工作容积增大时吸油，在工作容积减小时排油 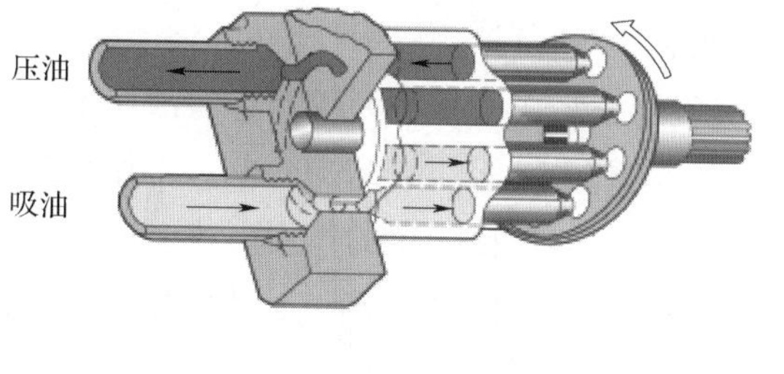 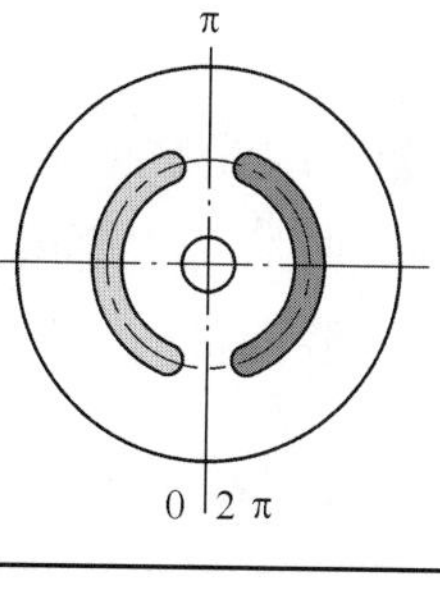 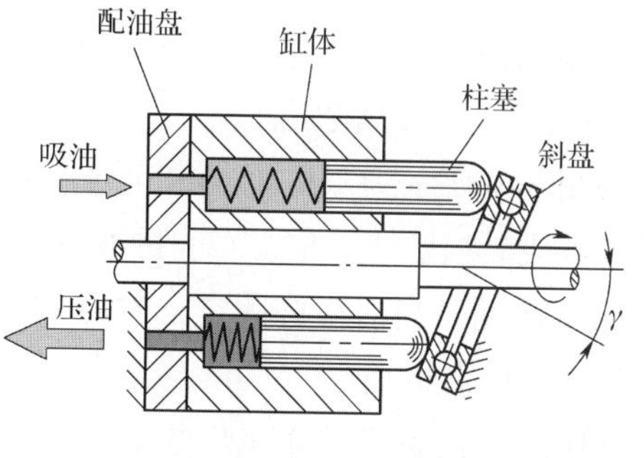

第6章　液压传动与气压传动

续表

种类	类型	工作原理
螺杆泵	螺杆泵主要有转子式容积泵和回转式容积泵两种。按螺杆数不同，又分为单螺杆泵、双螺杆泵和三螺杆泵	螺杆泵的主要工作部件是偏心螺旋体的螺杆（称为转子）和内表面呈双线螺旋面的螺杆衬套（称为定子）。当电动机带动泵轴转动时，螺杆一方面绕自身的轴线旋转，另一方面又沿衬套内表面滚动，于是形成泵的密封腔室。螺杆每转一周，密封腔内的液体向前推进一个螺距，随着螺杆的连续转动，液体以螺旋形式从一个密封腔压向另一个密封腔，最后挤出泵体 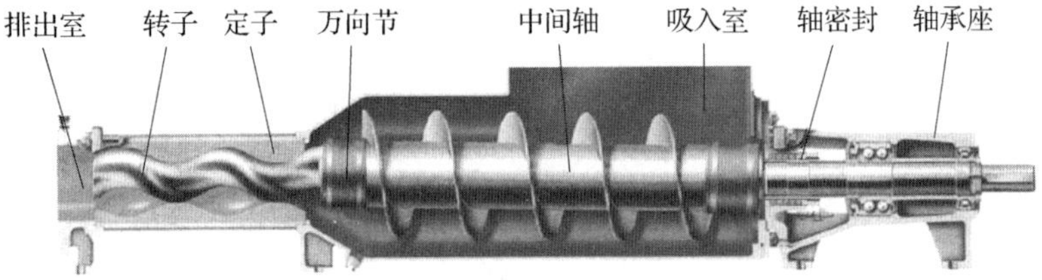 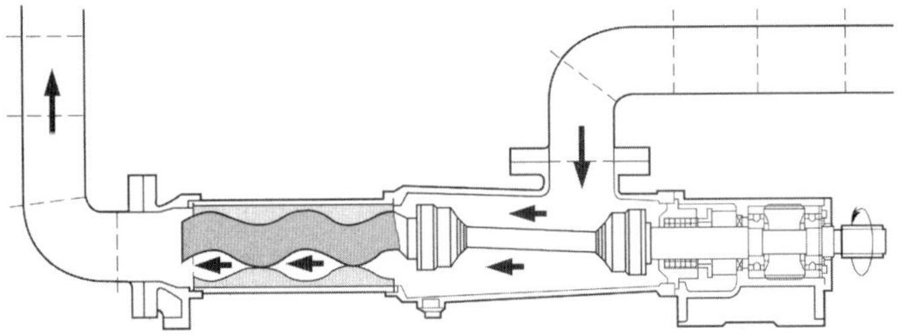

2. 执行元件

液压缸是液压系统中的执行元件，它将液压能转换为直线（或旋转）运动形式的机械能，输出运动和力。液压缸结构简单，工作可靠。按结构不同液压缸可分为活塞缸、柱塞缸和摆动缸等。按油压的作用形式不同可分为单作用式液压缸和双作用式液压缸。在压力油作用下只能做单方向运动的液压缸称为单作用式液压缸，其回程须借助运动件的自重或其他外力（如弹簧力等）的作用实现，如图 6–8a 所示。往复两个方向的运动都由压力油作用而完成的液压缸称为双作用式液压缸，如图 6–8b 所示。应用最广泛的是活塞式液压缸。

如图 6–9 所示为双作用式单活塞杆液压缸，它由缸体、端盖、活塞、活塞杆和密封圈等组成。当缸体固定，左腔进油、右腔回油时，压力油推动活塞向右运动；反之，活塞向左运动。当活塞杆固定，左腔进油、右腔回油时，压力油推动活塞向左运动；反之，活塞向右运动。

常用液压缸的图形符号见表 6–4。

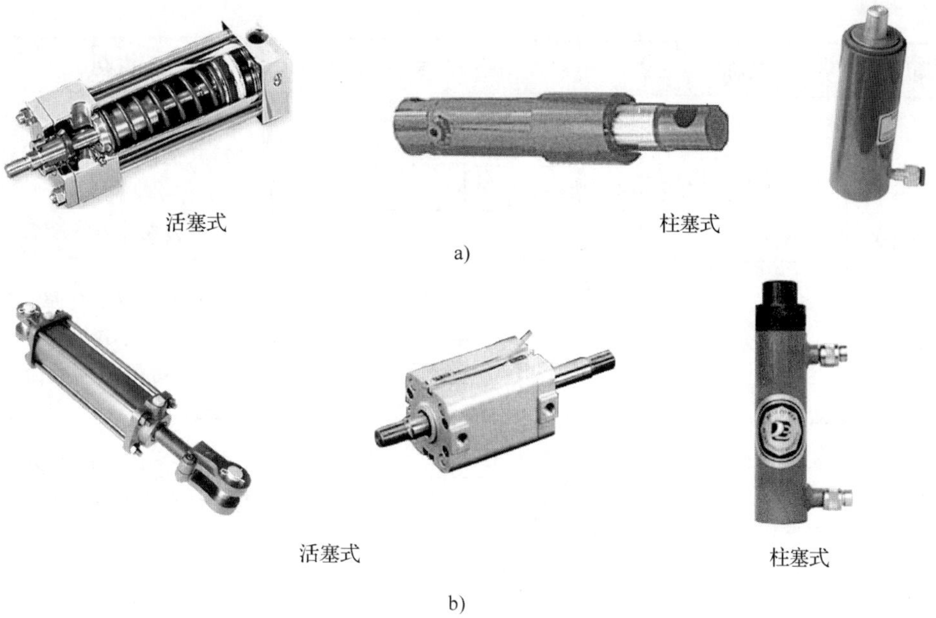

图 6-8　液压缸

a）单作用式液压缸　b）双作用式液压缸

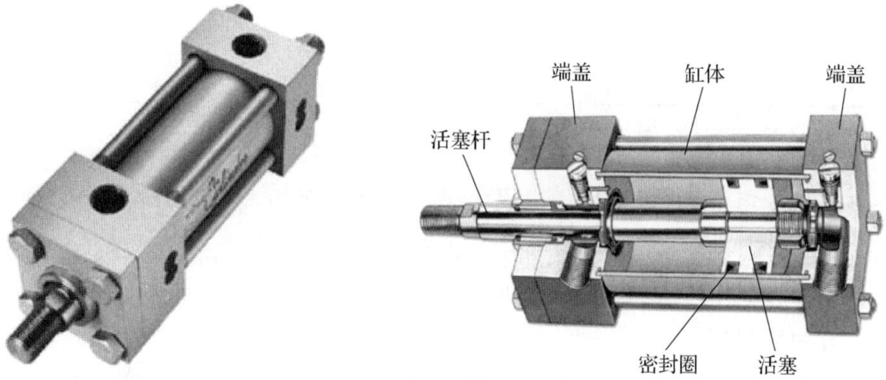

图 6-9　双作用式单活塞杆液压缸

表 6-4　常用液压缸的图形符号

类型	名称	图形符号	说明
单作用式液压缸	单作用柱塞缸	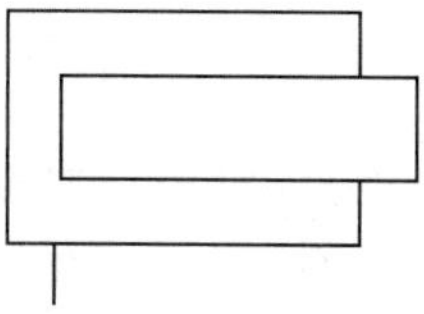	柱塞仅单向运动，回程利用自重或负荷将柱塞推回
	单活塞杆液压缸	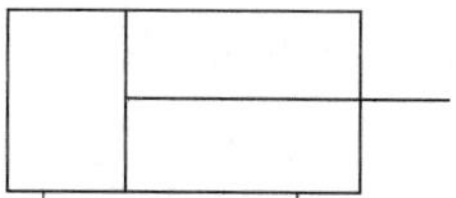	活塞仅单向运动，回程利用自重或负荷将活塞推回

续表

类型	名称	图形符号	说明
单作用式液压缸	双活塞杆液压缸	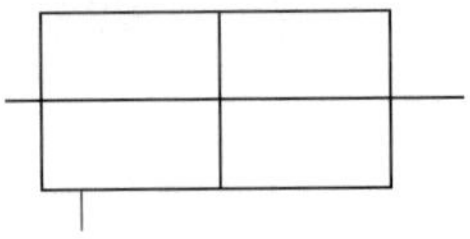	活塞的两侧都装有活塞杆，只能向活塞一侧供给压力油，回程通常利用弹簧力、重力或外力将活塞推回
	伸缩液压缸	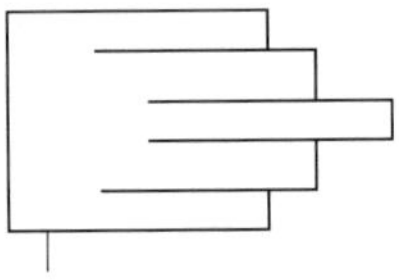	以短缸获得长行程。用液压油由大到小逐节推出，靠外力由小到大逐节缩回
双作用式液压缸	单活塞杆液压缸	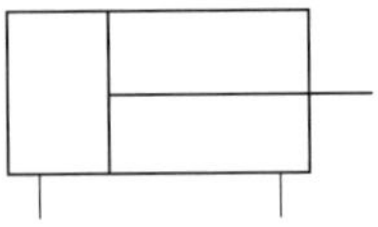	单边有杆，双向液压驱动，双向推力和速度不等
	双活塞杆液压缸	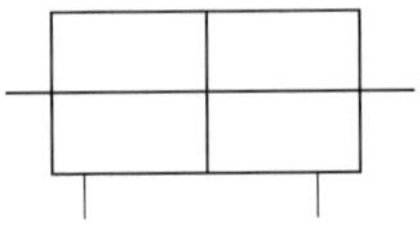	双边有杆，双向液压驱动，可实现等速往复运动
	伸缩液压缸	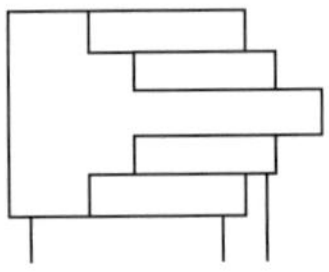	双向被液压驱动，伸出时由大到小逐节推出，由小到大逐节缩回

3. 控制元件

在液压传动系统中，控制阀用来控制与调节液流的方向、压力和流量，满足工作机械的各种要求。控制阀是液压系统中不可缺少的重要元件。

根据用途和工作特点的不同，控制阀分为方向控制阀、压力控制阀和流量控制阀。

（1）方向控制阀

控制液压系统中油路通断或改变油液流动方向的阀称为方向控制阀，按用途不同，方向控制阀分为单向阀和换向阀，如图 6–10 所示。

a)　　b)

图 6–10　方向控制阀

a）单向阀　b）换向阀

1）单向阀。单向阀分为普通单向阀和液控单向阀。单向阀的作用是保证通过阀的液流只向一个方向流动而不能反方向流动，它一般由阀体、阀芯和弹簧等零件构成，如图 6–11 所示。工作时，压力油从进油口 P_1 流入，作用在阀芯上的液压作用力将克服弹簧的弹力和摩擦力将阀芯顶开，从出油口 P_2 流出。反向时，出油口 P_2 一侧的压力油将阀芯紧压在阀体上，使阀口关闭，油液截止。

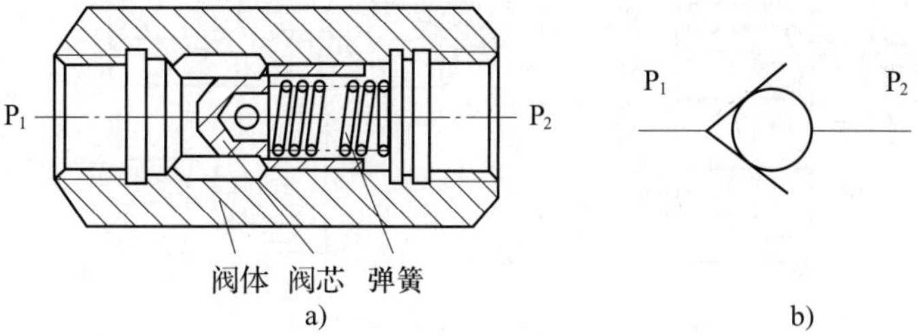

图 6-11　单向阀的结构和图形符号

a）结构图　b）图形符号

如图 6-12 所示为液控单向阀，它是在普通单向阀的基础上增加了一个控制油口 K。当控制油口 K 不通压力油时，该阀只相当于一个普通单向阀；当反向时，控制油口 K 接压力油后，将阀芯打开，油液就可以双向流动。

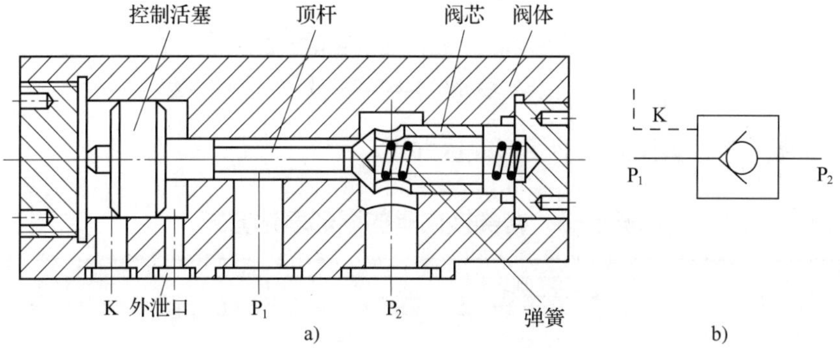

图 6-12　液控单向阀的结构和图形符号

a）结构原理图　b）图形符号

2）换向阀

①换向阀的结构和工作原理。换向阀的作用是利用阀芯在阀体内做轴向移动，改变阀芯和阀体间的相对位置，变换油液流动方向及接通或关闭油路，从而控制执行元件的换向、启动和停止。阀芯能在阀体孔内自由滑动，阀芯和阀体孔都开有若干段环形槽，阀体孔内的每段环形槽都有孔道与外部的相应阀口相通。如图 6-13 所示为通过电磁铁控制换向阀阀芯的移动，从而改变油液流动方向。

②换向阀的分类。按阀芯在阀体内的工作位置数和换向阀所控制的油口通路数分，换向阀有二位二通、二位三通、二位四通、二位五通、三位四通、三位五通等类型。不同的位数和通数，是由阀体上不同的环形槽和阀芯上台肩组合形成的。

③换向阀的符号表示。一个换向阀的完整符号应具有工作位置数、通路数和在各工作位置上阀口的连通关系、控制方法、复位和定位方法等。如图 6-14 所示为三位四通电磁换向阀。

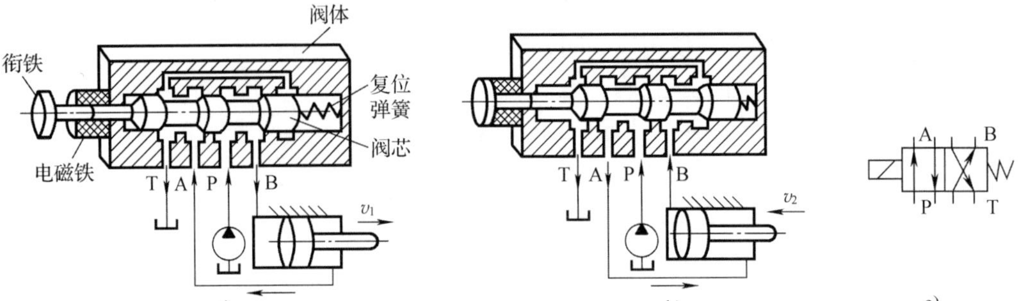

a)　　b)　　c)

图 6-13　换向阀的结构和工作原理

a）电磁铁断电状态　b）电磁铁通电状态　c）图形符号

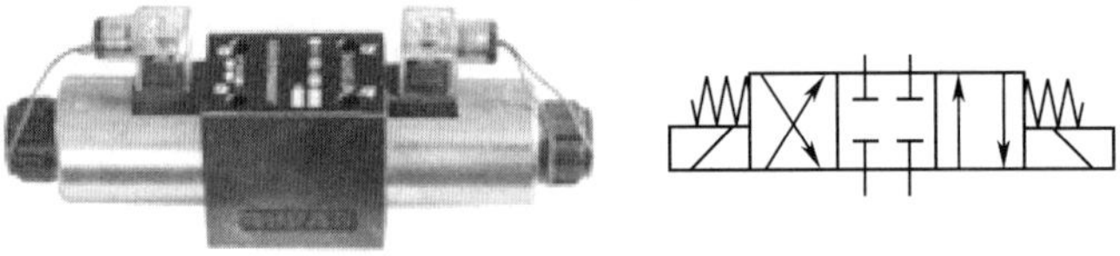

a)　　b)

图 6-14　三位四通电磁换向阀

a）实物图　b）图形符号

表 6-5 所列为各类换向阀的图形表达方式。

表 6-5　各类换向阀的图形表达方式

项目	图例			说明
位	一位	二位	三位	“位”是指阀芯的切换工作位置数，用方格表示
		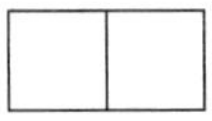	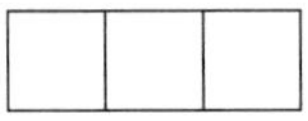	
位与通	二位二通	二位三通	二位四通	“通”是指阀的通路口数，即箭头“↑”或封闭符号“⊥”与方格的交点数 三位阀的中间格、二位阀侧面画有弹簧的方格为阀的常态位，即阀芯在原始状态下的通路状况。其余方格为经控制后达到的位置。常态位应绘制出外部连接油口（方格外短竖线）
	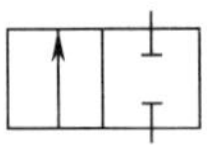	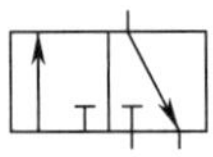	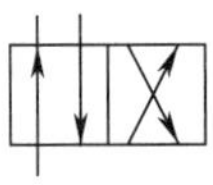	
	二位五通	三位四通	三位五通	
	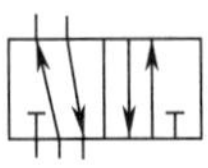	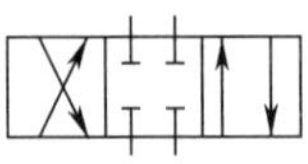	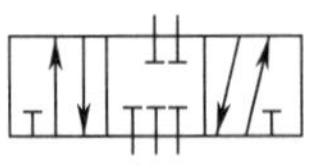	
阀口标志	压力油的进油口	通油箱的回油口		连接执行元件的工作油口
	P	T		A、B

（2）压力控制阀

压力控制阀用来控制液压系统中的压力，或利用系统中压力的变化来控制其他液压元件的动作，简称压力阀。压力阀利用了作用于阀芯上液压力与弹簧力相平衡的原理。

按照用途不同，压力阀可分为溢流阀、减压阀、顺序阀和压力继电器等。

1）溢流阀。溢流阀在液压系统中的主要作用有两个，一是起溢流和调压、稳压作用，保持液压系统的压力恒定；二是起限压保护作用，防止液压系统过载（又称安全阀）。溢流阀通常接在液压泵出口处的油路上。根据结构和工作原理不同，溢流阀可分为直动型溢流阀和先导型溢流阀两种。

如图 6–15 所示为直动型溢流阀，它由阀体、阀芯、弹簧和调压螺杆等组成。压力油进口 P 与系统相连，油液溢出口 T 通油箱。当进油压力小于弹簧压力时，阀芯被压至最下端，阀口关闭，没有油液流回油箱；当进油压力升高到大于弹簧压力时，弹簧被压缩，阀芯上移，阀口开启，部分油液经回油口 T 流回油箱，从而限制了系统压力的继续升高，并使压力保持恒定。调节弹簧的弹力即可调节系统的压力。

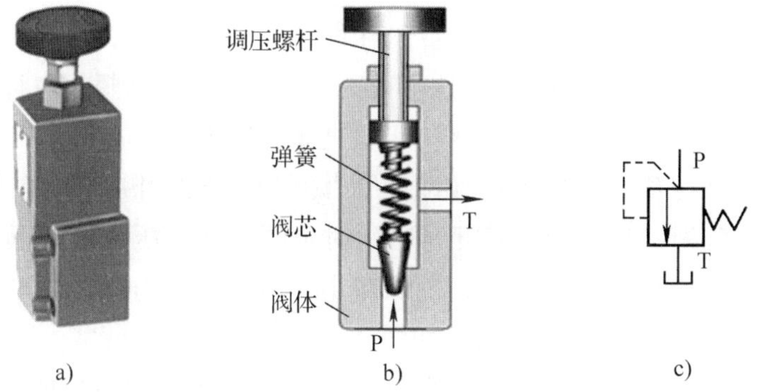

图 6–15　直动型溢流阀

a）实物图　b）结构原理图　c）图形符号

2）减压阀。减压阀的主要作用是降低系统某一支路的油液压力，使同一系统有两个或多个不同压力。它利用压力油通过缝隙（液阻）降压，使出口压力低于进口压力，并保持出口压力为一定值。缝隙越小，压力损失越大，减压作用就越强。

根据结构和工作原理不同，减压阀可分为直动型减压阀和先导型减压阀两种。一般采用先导型减压阀。

如图 6–16 所示为先导型减压阀，它由先导阀调压和主阀减压两部分组成。工作时高压油液从进油口 P_1 进入减压阀，经主阀节流缝隙（即主阀的阀口开度，为 h）减压后的低压油从出油口 P_2 输出，经分支油路送往执行机构。同时，减压油也经主阀阀芯的轴向沟槽 a、阻尼孔 b 和油室 c 通到先导阀的右端，并给锥阀一个向左的液压作用力。

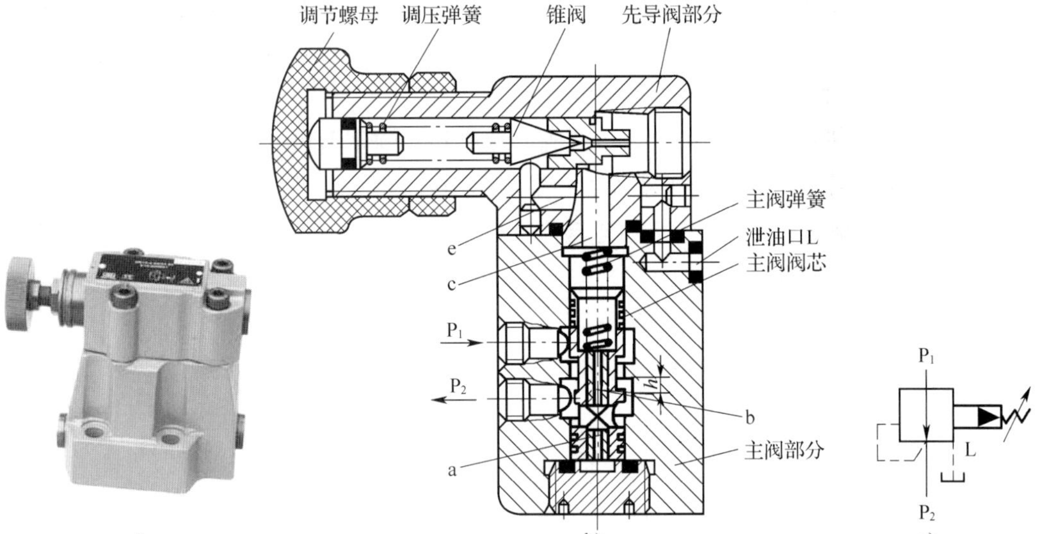

图 6-16　先导型减压阀

a）实物图　b）工作结构原理图　c）图形符号

当负载较小，出油口压力小于调定压力时，先导阀不开启，主阀阀芯上、下两端的油压相等，主阀阀芯在主阀弹簧作用下被压至最下端，主阀阀芯与阀体形成的缝隙最大，油液流过时的压力损失可忽略不计，此时减压阀不减压。

当负载较大，出油口的压力达到调定压力值时，锥阀开启，使主阀上端的油液经锥阀、油路 e 和泄油口 L 与油箱相通，此时主阀上端的压力低于下端的压力，主阀阀芯克服主阀弹簧的弹力而上移，缝隙减小，即产生压力降，此时减压阀起减压作用。

3）顺序阀。顺序阀在液压系统中的主要作用是利用液压系统中的压力变化控制油路的通断，从而使多个液压元件按一定的顺序动作。

根据结构和工作原理不同，顺序阀可分为直动型顺序阀和先导型顺序阀两种，一般多使用直动型顺序阀。此外，根据所用控制油路连接方式的不同，顺序阀又可分为内控式和外控式两种，如图 6-17 所示。

直动型顺序阀的工作原理与直动型溢流阀类似，不同之处是顺序阀的出油口 X 不是接油箱，而是通往另一个工作油路，所以需要单独的泄油口 L。

当进油压力低于弹簧的调定压力值时，阀芯处于最左端，阀口关闭，油路不通；当进油压力高于弹簧的调定压力值时，阀芯右移，阀门开启，油路接通，使油液通过顺序阀流向执行元件。

4）压力继电器。压力继电器是一种将液压信号转变为电信号的转换元件。当流体压力达到调定值时，它能自动接通或断开有关电路，使相应的电气元件（如电磁铁、中间继电器等）动作，以实现液压系统的预定程序及安全保护。

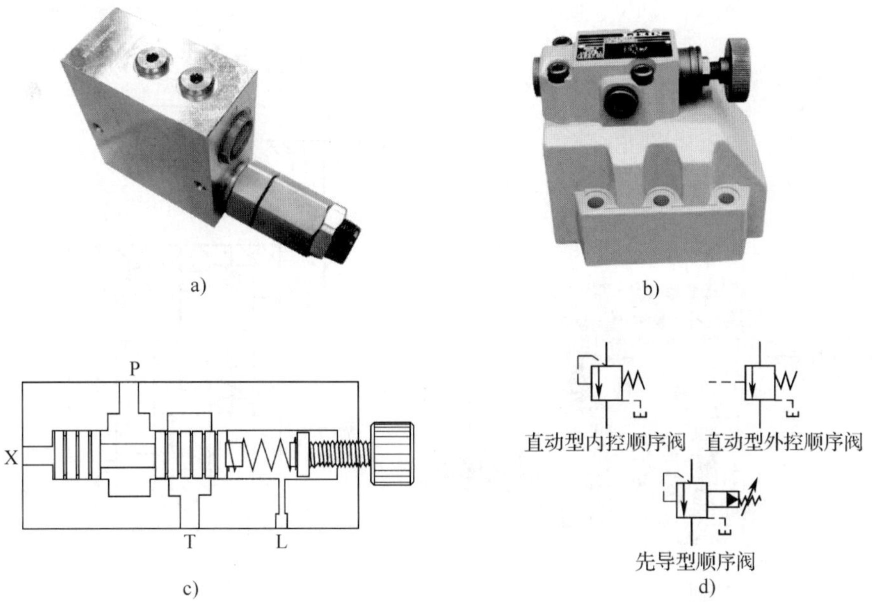

图 6–17　顺序阀

a）直动型顺序阀　b）先导型顺序阀　c）原理图　d）图形符号

（3）流量控制阀

流量控制阀在液压系统中的作用是控制液压系统中液体的流量，简称流量阀。流量阀是通过改变阀口通流面积调节通过阀口的流量，从而控制执行元件运动速度的控制阀。常用的流量阀有节流阀和调速阀，如图 6–18 所示。

图 6–18　流量阀

a）节流阀　b）调速阀

调速阀是由减压阀和节流阀串联而成的阀，其结构原理如图 6–19b 所示。

当液压缸负载 F 增大时，节流阀的出口压力 p_3 也增大，作用在减压阀阀芯上端的液压作用力也随之增大，使阀芯下移，减压阀进油口处的开口加大，压力降减小，使减压阀出口（节流阀进口）处的压力 p_2 增大，结果保持了节流阀前后压力差 $\Delta p = p_2 - p_3$ 基本不变。

当液压缸的负载 F 减小时，压力 p_3 也减小，减压阀阀芯上端油腔压力减小，压力降增大，p_2 随之减小，结果仍保持节流阀前后压力差 $\Delta p = p_2 - p_3$ 基本不变，从而使执行元件的运动速度保持稳定。

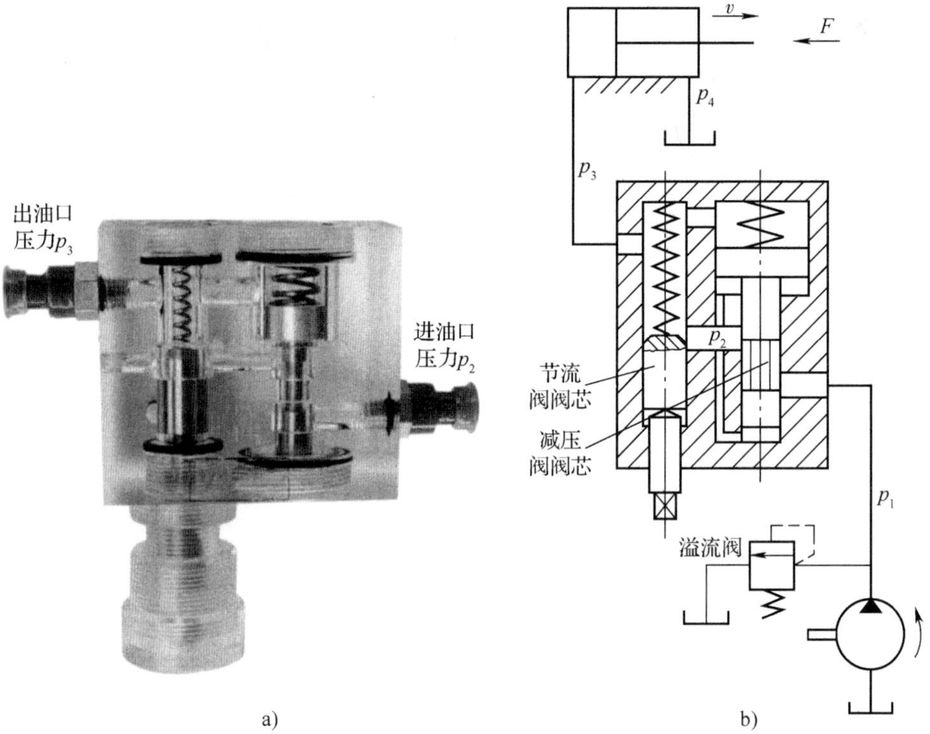

a) b)

图 6–19 调速阀

a）结构模型 b）结构原理图

4. 辅助元件

（1）过滤器

过滤器的作用是保持油液的清洁，常安装在液压泵的吸油管路或输出管路上以及重要元件的前面。通常情况下，泵的吸油口装粗过滤器，泵的输出管路上与重要元件之前装精过滤器，如图 6–20 所示。

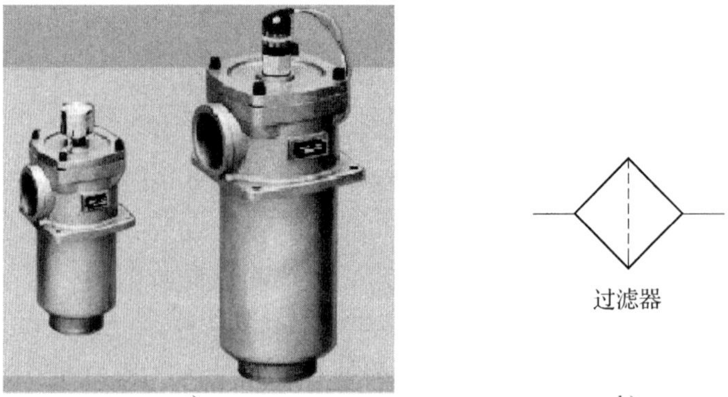

a) b)

图 6–20 过滤器

a）实物图 b）图形符号

（2）蓄能器

蓄能器是储存压力油的一种容器，可以在短时间内供应大量压力油，补偿泄漏，以保持系统压力，消除压力脉动及缓和液压冲击等，如图 6–21 所示。

（3）油管和管接头

常用的油管有钢管、铜管、橡胶软管、尼龙管和塑料管等。固定元件间的油管常用钢管和铜管，有相对运动的元件之间一般采用软管连接。

管接头用于油管与油管、油管与液压元件间的连接，如图 6–22 所示。

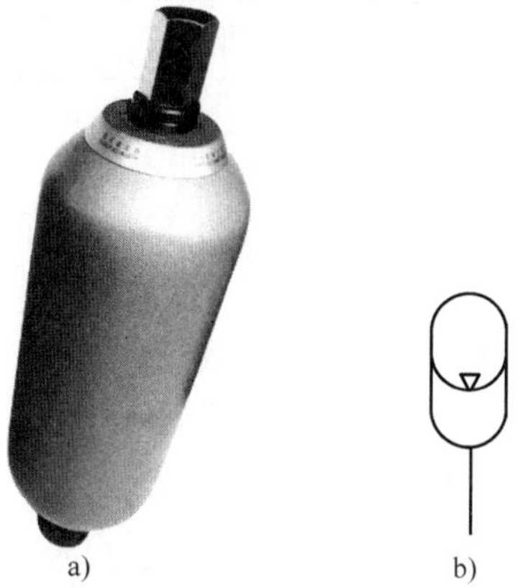

图 6–21　蓄能器

a）实物图　b）图形符号

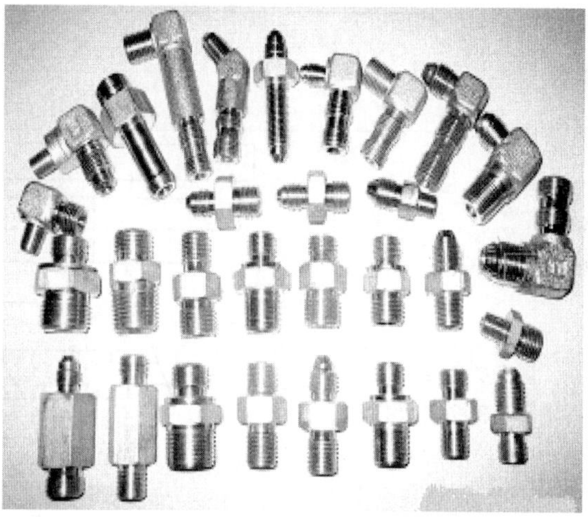

图 6–22　管接头

（4）油箱

油箱除了用于储油外，还起散热及分离油中杂质和空气的作用。在机床液压系统中，可以利用床身或底座内的空间作油箱。精密机床多采用单独油箱。如图 6–23 所示为液压泵卧式安置的油箱。

图 6–23　液压泵卧式安置的油箱

四、液压系统基本回路

液压系统是由许多液压基本回路组成的。液压基本回路是指由某些液压元件和辅件所构成并能完成某种特定功能的回路。对于同一功能的基本回路，可有多种实现方法。液压基本回路按功能不同可分为方向控制回路、压力控制回路、速度控制回路和多缸动作控制回路四大类，其功用和示例见表 6–6。

表 6–6　液压系统基本回路功用和示例

类型	功用	基本回路示例	
		回路图	说明
方向控制回路	方向控制回路用来控制执行元件的启动、停止（包括锁紧）及换向，方向控制回路有换向回路和锁紧回路等	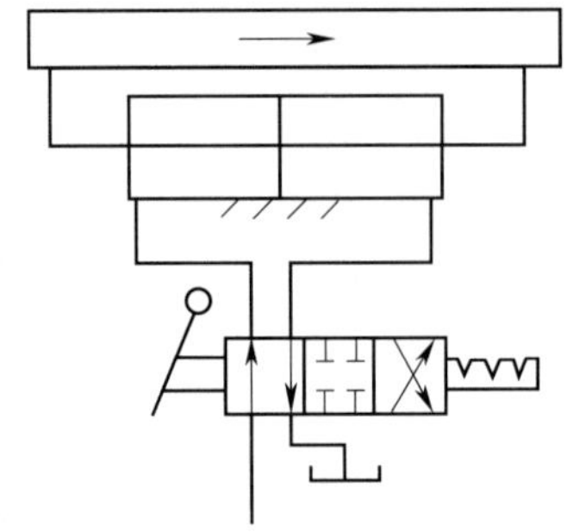 换向回路	换向回路利用换向阀控制液流的通、断、变向，从而实现液压系统执行元件的启动、停止或改变运动方向
		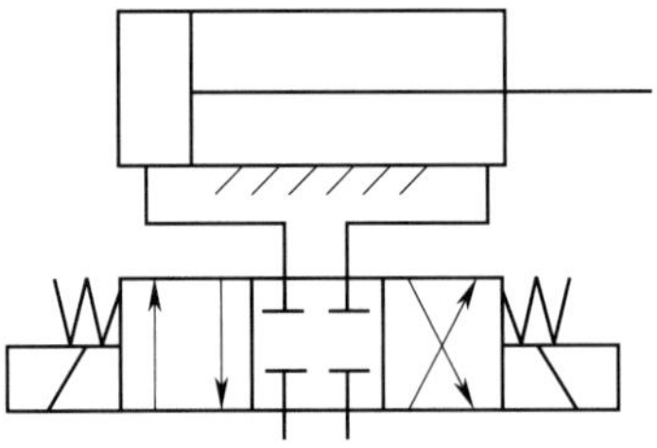 锁紧回路	锁紧回路是使执行元件能在任意位置上停留以及在停止工作时防止在受力的情况下发生移动。本锁紧回路采用三位四通换向阀的中位机能锁紧执行元件，当阀芯处于中位时，液压缸进油口、出油口均封闭，达到锁紧的目的
压力控制回路	压力控制回路是利用压力控制阀调节系统或系统某一部分压力的回路。压力控制回路可以实现调压、减压、保压、增压、卸压、卸荷等功能	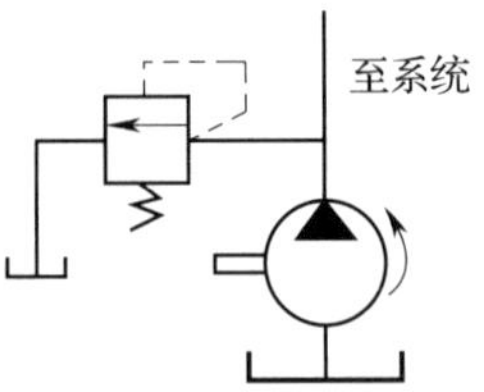 调压回路	利用溢流阀使液压系统整体或某一部分的压力保持恒定或不超过某一数值
		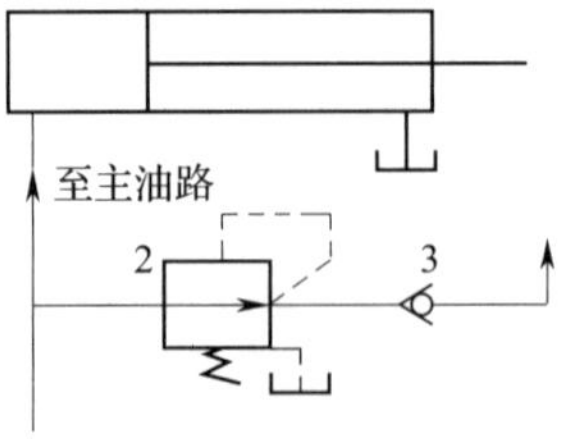 减压回路	采用减压阀使系统中的某一部分油路具有较低的稳定压力

续表

类型	功用	基本回路示例	
		回路图	说明
速度控制回路	速度控制回路是用来控制执行元件运动速度的回路。一般通过改变进入执行元件的流量来实现。速度控制回路有调速回路、速度换接回路等	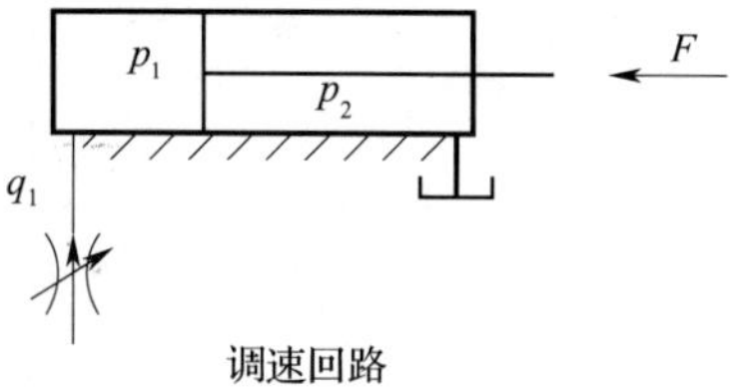 调速回路	利用节流阀控制进入运动部件的流量来控制其速度
		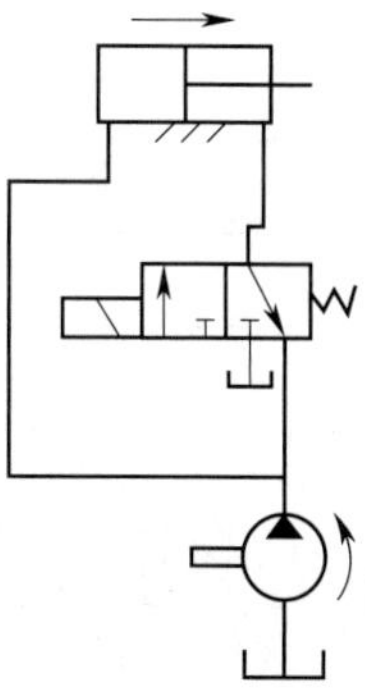 液压缸差动连接速度换接回路	这是利用液压缸差动连接获得快速、慢速运动的回路。在不增加液压泵输出流量的情况下，提高工作部件运动速度
		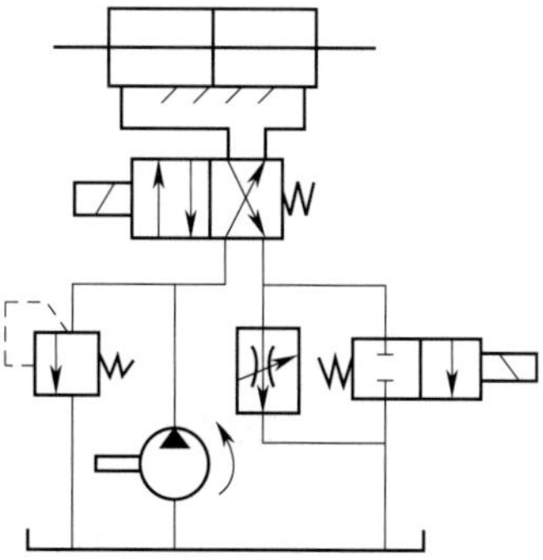 短接流量阀速度换接回路	这是采用短接流量阀获得快速、慢速运动的回路。通过二位二通电磁换向阀和二位四通电磁换向阀的相互配合，可以实现快速进给→工作进给→工作退回→快速退回的工作循环

续表

类型	功用	基本回路示例	
		回路图	说明
多缸动作控制回路	满足一个油源驱动或控制多个执行元件、按要求动作的回路称多缸动作控制回路。常用的多缸控制回路有顺序动作回路、同步回路等。实现多个执行机构依次动作的回路是顺序动作回路。按其控制方法不同可分为利用顺序阀和压力继电器控制压力实现顺序动作的回路、利用行程开关或行程阀控制行程实现顺序动作的回路等	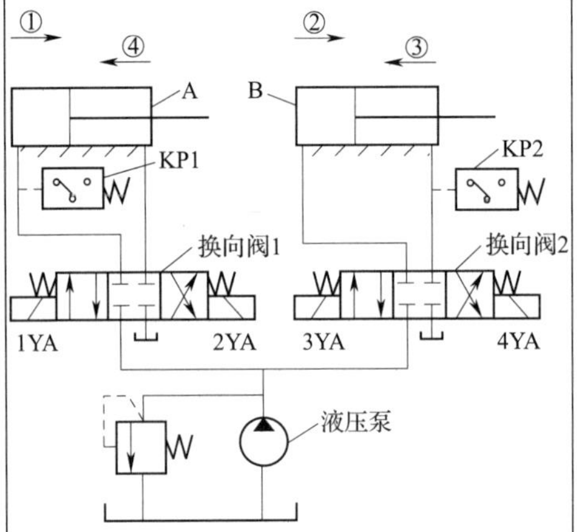 利用压力继电器控制的顺序动作回路	用压力继电器KP1和KP2分别控制电磁铁的通电、断电来实现顺序动作 （1）动作①：按启动按钮，1YA通电，换向阀1左位接入系统工作，活塞右移。其油路如下： 进油路：液压泵→换向阀1左位→A缸左腔 回油路：A缸右腔→换向阀1左位→油箱 （2）当动作①终止后，系统压力升高，压力继电器KP1动作，使电磁铁3YA通电，换向阀2左位接入系统工作，实现动作②。其油路如下： 进油路：液压泵→换向阀2左位→B缸左腔 回油路：B缸右腔→换向阀2左位→油箱 （3）换向返回时，按返回按钮，使1YA、3YA断电，4YA通电，换向阀2右位接入系统工作，此时可实现动作③ （4）当动作③终止后，系统压力升高，压力继电器KP2动作，发出电信号，使2YA通电，换向阀1右位接入系统工作，实现动作④

第2节 气压传动

学习目标

1. 掌握气压传动的工作原理及其特点。
2. 掌握气压传动元件的类型及其用途。
3. 了解典型的气压传动系统基本回路。

一、气压传动概述

气压传动是以压缩空气为工作介质的气动技术。气动装置提供满足一定要求的压缩空气，由控制元件控制管路中压缩空气的压力、流量和方向，经执行元件将压力能转换为机械能，从而驱动工作机构运动。

气压传动不仅可以实现单机自动化，而且可以控制流水线的生产过程。它与电子、电气和液压技术一样，是实现自动控制的一种重要方法。

1. 气压传动的特点

（1）优点

1）气压传动以空气为工作介质，故无工作介质供应的困难和费用的支出；同时，用过的空气可直接排入大气而不会污染环境，管路系统也因此可以简化。

2）气压传动反应快，动作迅速，一般只需 0.02 ~ 0.03 s 就可以建立起需要的压力和速度，特别适用于一般设备的控制。这是气压传动突出的优点。

3）压缩空气的工作压力较低，一般为 0.4 ~ 0.8 MPa。因此，可降低对气动元件材质和加工精度的要求，使元件制造容易，成本低。

4）空气的黏度很低，在管道中流动时的压力损失较小。因此，压缩空气便于集中供应和长距离输送。

5）空气的性质受温度的影响小，高温下不会发生燃烧和爆炸，使用安全；温度变化时，其黏度变化极小，故不会影响传动性能。

6）由于气体的可压缩性，便于实现系统的过载自动保护。

7）气压传动元件维护及使用方便，管路不易堵塞，不存在介质变质、补充和更换等问题。

（2）缺点

1）由于空气的可压缩性，气动装置稳定性差；外载荷变化时，对工作速度的影响较大。

2）由于工作压力低，气动装置的输出力受到一定限制，在输出力相同的情况下，气压传动装置比液压传动装置结构尺寸大。因此，气压传动装置总推力不宜过大（一般不宜大于 40 kN）。

3）气动装置中的信号传递速度比光、电的控制速度慢，不适用于信号的传递，一般机械设备气动信号传递速度尚能满足工作要求。

4）气动装置的噪声高。

2. 气压传动与液压传动的区别

（1）液压传动的工作介质是液压油，成本较高，外泄漏后会污染环境。气压传动以空气为工作介质，不耗介质费用，用完后直接排放，也不污染环境，气压传动管路也较简单。

（2）液压油容易建立压力，因空气易泄压，所以不易建立起很高的压力，这带来气压传动装置结构大、输出力小的缺点，但气动元件也因此而造价低。

（3）液压油黏度高，流动中能耗大，不宜长距离输送。气压传动中的压缩空气因黏度低，适宜长距离输送，往往几个车间乃至整个企业共用一个泵站输出的压缩空气，所以对某台设备来讲，气源的取得十分方便和经济。

（4）液压油不易压缩，液压缸速度较稳定。而空气易压缩，气缸速度不稳定，在载荷变化和低速运动时更加严重，所以，气压传动一般应用在对速度稳定性要求不高的场合。

二、气压传动系统的工作原理和组成

1. 气压传动系统的工作原理

气压传动的工作原理是利用空气压缩机把电动机或其他原动机输出的机械能转换为空气的压力能，然后在控制元件的控制下，通过执行元件把压力能转换为直线运动或回转运动形式的机械能，从而完成各种动作并对外做功。

2. 气压传动系统的组成

如图 6–24 所示为一个简单的气压传动系统。空气压缩机输出压缩空气→总截止阀→气罐（其上装有安全阀和压力表）→分水滤气器→压力控制阀→油雾器→方向控制阀（控制气动传动方向）→流量控制阀（控制气动传动压力）→工作气缸，实现所要求的动作。

由气压传动的工作原理可知，气压传动系统与液压传动系统相似，由以下四种元件组成：

（1）动力元件

动力元件是获得压缩空气的装置和设备，是气压发生装置，包括各类空气压缩机。

（2）执行元件

执行元件包括气缸和马达。

（3）控制元件

控制元件包括各种控制阀。

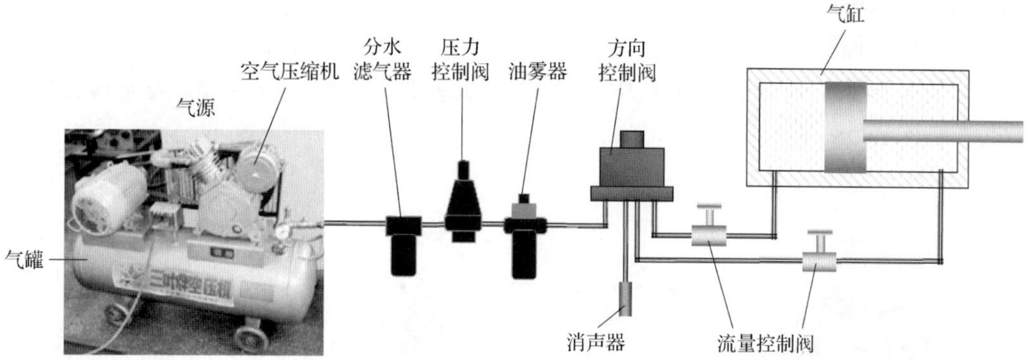

图 6–24　气压传动系统的组成

（4）辅助元件

辅助元件包括油雾器、分水滤气器和消声器等。

三、气动元件

1. 执行元件

气动执行元件包括气缸和马达，由于气缸应用广泛，这里仅对气缸进行介绍。气缸是把空气压缩机产生的气体压力能转换为机械能，驱动工作机构做往复直线运动或回转运动的一种执行元件。

气缸的种类很多，这里介绍一种常见的薄膜式气缸，它是利用压缩空气通过膜片推动活塞杆做往复直线运动的。如图 6–25a 所示，压缩空气从 P 口进入，使膜片变形，向下推动膜盘和活塞杆运动。当 P 口换向后通大气时，压力下降，活塞杆依靠弹簧力向上返回原位。如图 6–25b 所示为双作用式薄膜气缸。

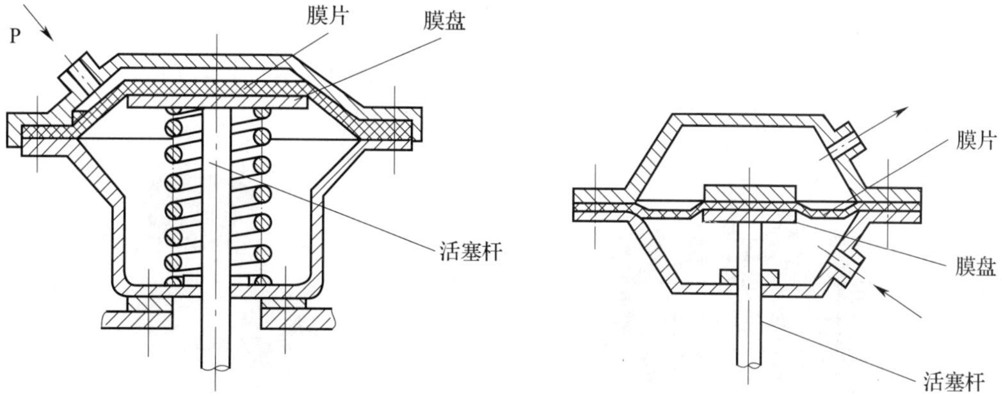

图 6–25　薄膜式气缸

a）单作用式薄膜气缸　b）双作用式薄膜气缸

2. 控制元件

气动控制元件包括各种控制阀。气压传动中用的控制阀同液压阀一样，分为压力控制阀、流量控制阀和方向控制阀三大类。

（1）压力控制阀

压力控制阀是调节及控制压力大小的气动元件，常用的有调压阀、溢流阀、顺序阀等，如图 6–26 所示。

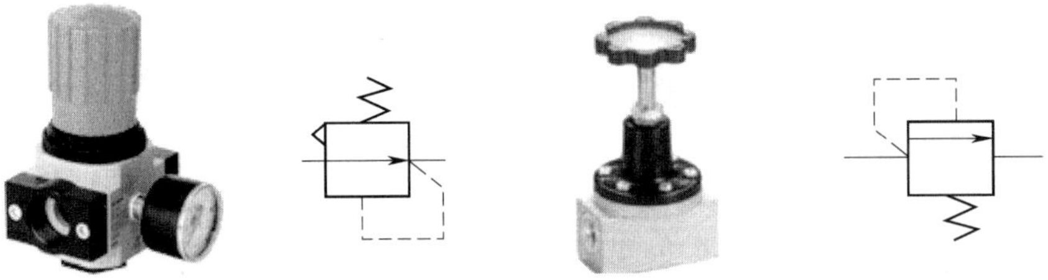

a)　　　　b)

图 6–26　压力控制阀

a）调压阀　b）溢流阀

气动系统所用的压缩空气通常由空气压缩机站集中供给。所供给的气压较高，压力波动较大。因此，需用调压阀将气压调节到每台设备实际需要的压力，并保持降压后压力值的稳定。调压阀的输出压力只能在低于输入压力的范围内调节，即起减压作用，所以又称减压阀。

（2）流量控制阀

在气动系统中，有时要控制执行元件（如气缸）的往复运动速度，有时要控制换向阀的切换时间，有时还要控制气动信号的传递速度等，这些都需要通过调节压缩空气的流量来实现。气动控制主要是节流控制，所应用的流量控制阀包括节流阀、快速排气阀等。如图 6–27 所示为节流阀。气动系统所用的节流阀与液压系统类同。

（3）方向控制阀

用于改变气流方向和通断的阀称为方向控制阀，如图 6–28 所示。常用的有换向阀和单向阀。气动换向阀和液压换向阀近似，分类方法也大致相同。但由于气压传动所具有的特点，气动换向阀的结构与液压换向阀有所不同。

图 6–27　节流阀

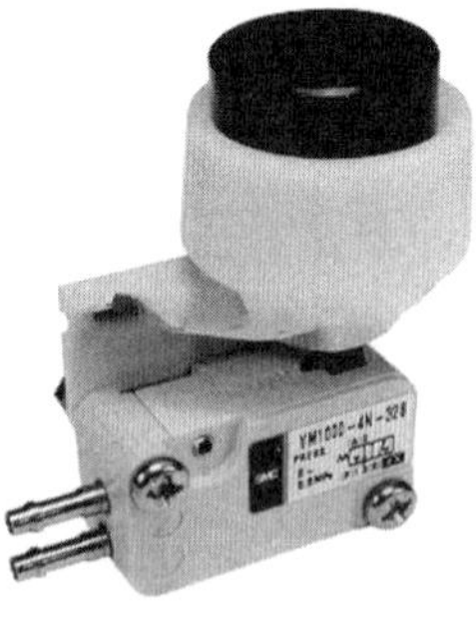

图 6–28　方向控制阀

气动换向阀按阀芯结构不同可分为滑柱式、截止式、平面式、旋塞式和膜片式；按控制方式不同可分为电磁控制、气压控制、机械控制和人力控制。

3. 辅助元件

在气压传动系统中，压缩空气中的水分、油分和灰尘直接影响气动元件的可靠性和使用寿命。因此，气源处理装置是气压传动系统必不可少的辅助元件。如图 6–29 所示为分水滤气器。

同时，气压传动系统中还会遇到元件润滑、消声、管路连接和布置等问题。所以，油雾器（见图 6–30）、消声器、管路网络等也都是气压传动系统中的重要辅助装置。

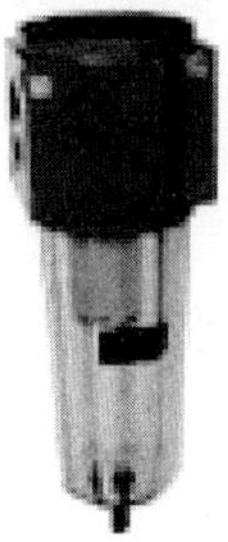

图 6–29　分水滤气器

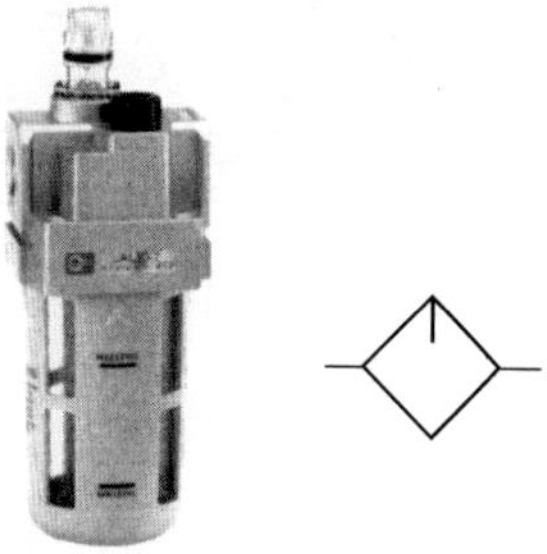

图 6–30　油雾器

四、气动基本回路

气动系统与液压系统一样，也是由具有不同作用的基本回路所组成的。表 6–7 列出了典型的气动基本回路。

表 6–7　气动基本回路

类型	回路示例	说明
换向控制回路	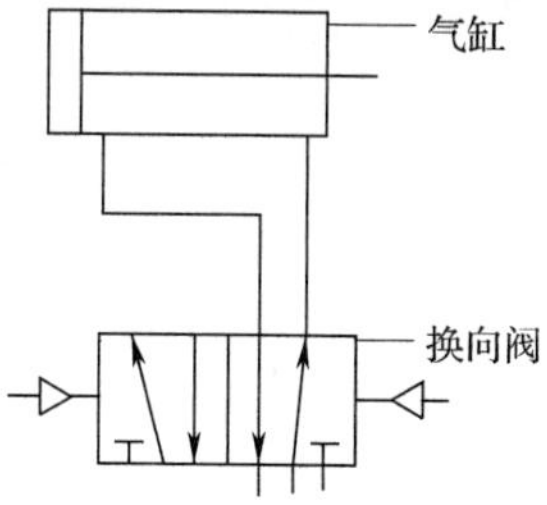	利用换向阀控制执行元件的运动方向
压力控制回路	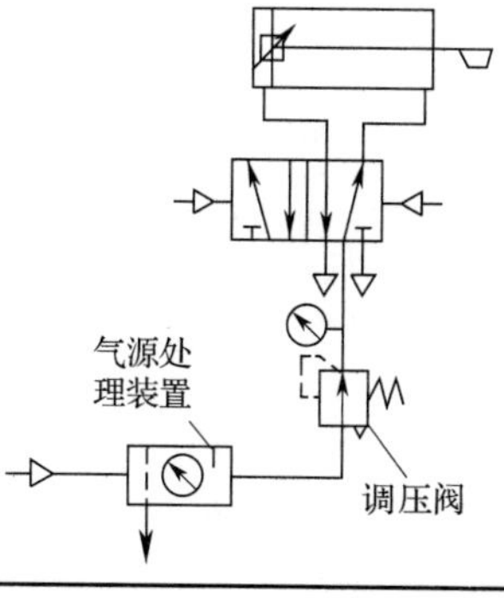	利用调压阀控制执行元件的输出力

续表

类型	回路示例	说明
位置控制回路	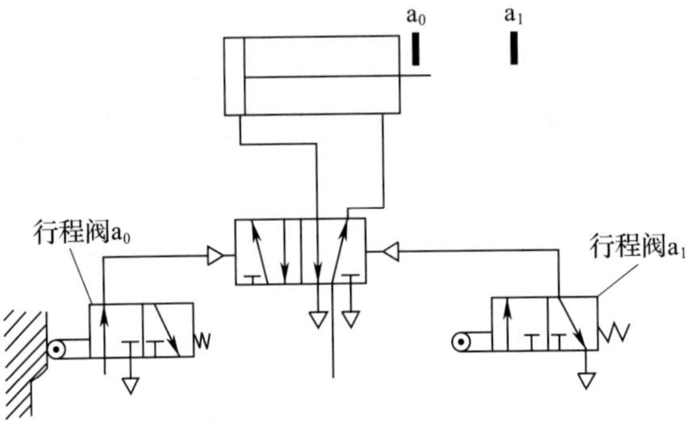	利用行程阀控制执行元件的位置和行程
速度控制回路	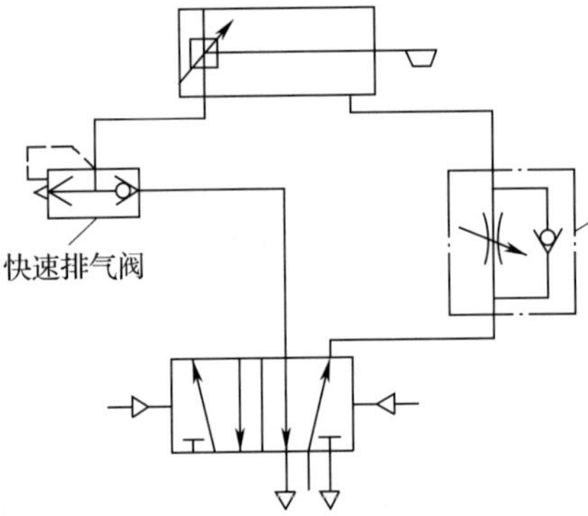	利用单向节流阀和快速排气阀控制执行元件的往复运动速度

第7章

常用机械材料

汽车是由上万个零部件组装而成的，而这些零部件又是由几百个品种、上千个规格的材料加工制成的，可以说材料是汽车的基础。

第1节　金属材料的力学性能

学习目标

1. 掌握金属材料力学性能的概念。
2. 掌握金属材料力学性能的衡量指标。

金属材料的力学性能是指金属材料在不同环境（温度、介质、湿度）下，承受各种外加载荷（拉伸、压缩、弯曲、扭转、冲击、交变应力等）时所表现出的力学特征。力学性能指标是选择、使用金属材料的重要依据。通常以强度、塑性、硬度、冲击性能、疲劳强度等性能指标衡量金属材料的力学性能。

一、强度

强度是金属材料在外力作用下抵抗塑性变形和断裂的能力。

根据外力的性质和作用方式的不同，外加载荷可分为静载荷、冲击载荷和交变载荷等。金属材料的强度可分为抗拉强度、抗压强度、抗弯强度、抗扭强度、抗剪切强度等，通常以拉伸试验测得的强度指标应用最为广泛。在拉伸外力的作用下，金属材料常用的强度指标主要有屈服强度、抗拉强度等。

1. 拉伸试验

采用万能材料试验机，给拉伸试件缓慢施加拉力，测出拉力与变形量之间的关系。拉伸试验可用于测量材料在拉力作用下的强度和塑性。

（1）拉伸试样

国家标准对拉伸试样的形状、尺寸和加工要求均有明确规定，通常采用圆柱形拉伸试样。如图 7–1 所示，图中 d_o 是试样的原始直径，L_o 为试样的原始标距长度。根据标距长度与直径之间的关系，试样可分为长试样（L_o=10d_o）和短试样（L_o=5d_o）两种。

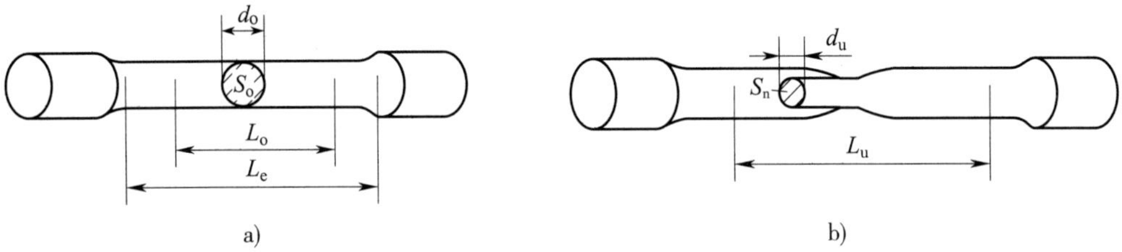

图 7–1　拉伸试样

a）拉伸前　b）拉伸后

（2）拉伸过程分析

将低碳钢试样装在拉伸试验机上，缓慢加大拉伸载荷 F，试样将出现弹性变形、微量永久变形、屈服变形、均匀（大量永久）变形、缩颈与断裂几个阶段，如图 7–2 所示。

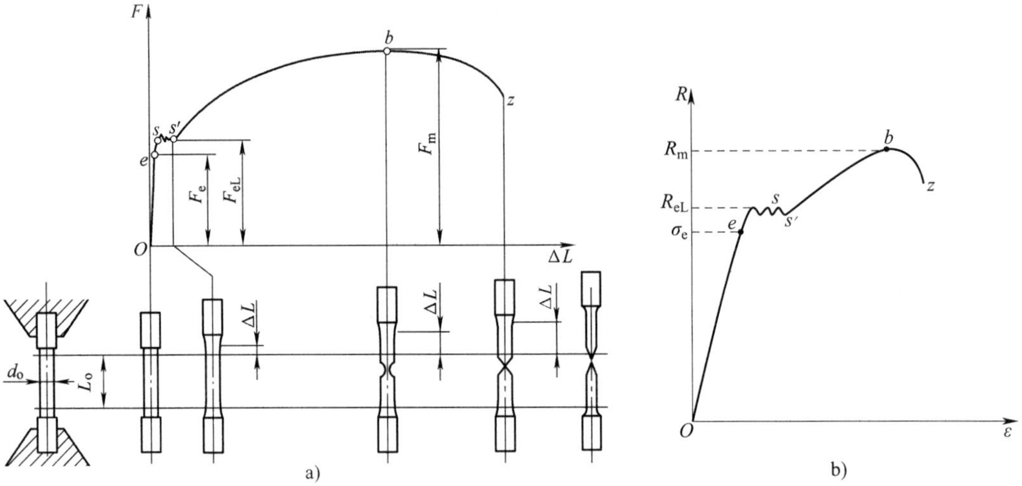

图 7–2　低碳钢的拉伸力—伸长曲线与应力—应变曲线

a）拉伸力—伸长曲线　b）应力—应变曲线

载荷 F 与伸长量 ΔL 之间的关系曲线称为拉伸力—伸长曲线。金属材料受外力作用时，单位横截面积上的内力称为应力，用 R 表示；单位伸长量称为应变，用 e 表示。

因此，金属材料的 $F-\Delta L$ 曲线也可用 $R-e$ 曲线来表示。

1）Oe：弹性变形阶段。试样变形完全是弹性变形，这种随载荷的存在而产生，随载荷的去除而消失的变形称为弹性变形。F_e 为发生最大弹性变形时的载荷。

2）es'：屈服阶段。当载荷超过 F_e 再卸载时，试样的伸长只能部分地恢复，而保留一部分残余变形。这种不能随载荷的去除而消失的变形称为塑性变形。当载荷增加到 F_{eL} 时，曲线出现平台或锯齿状，这种在载荷不增加或略有减小的情况下，试样还继续伸长的现象称为屈服。F_{eL} 为试样屈服时的最小载荷。屈服后，材料开始出现明显的塑性变形。

3）$s'b$：强化阶段。随塑性变形增大，试样变形抗力也逐渐增大，这种现象称为形变强化（或称加工硬化）。F_m 为试样拉伸的最大载荷。

4）bz：缩颈与断裂阶段（局部塑性变形阶段）。当载荷达到最大值 F_m 后，试样的某一直径处发生局部收缩，称为缩颈。此时截面缩小，变形继续在此截面发生，所需外力也随之逐渐降低，直至断裂。

汽车上使用的金属材料通常没有明显的屈服现象，有些脆性材料不仅没有屈服现象，也不会产生“缩颈”，如高碳钢、铸铁等材料。

2. 强度指标

金属材料常用的强度指标有屈服强度、抗拉强度等。

（1）屈服强度

屈服强度是当金属材料呈现屈服现象时，材料发生塑性变形而力不增加的应力点。屈服强度分为上屈服强度 R_{eH} 和下屈服强度 R_{eL}。在金属材料中，一般用下屈服强度代表其屈服强度。对脆性材料，试样卸除载荷后，其标距部分的残余伸长率达到试样标距长度的 0.2% 时的应力，用符号 $R_{p0.2}$ 表示。

零件工作时不允许产生明显的塑性变形，因此 R_{eL} 和 $R_{p0.2}$ 是汽车零件设计和选材的主要依据。

（2）抗拉强度 R_m

材料在拉断前所能承受的最大应力称为抗拉强度。零件在拉伸条件下所承受的应力值超过抗拉强度时将断裂，因此它也是汽车零件设计和选材的主要依据。

二、塑性

金属材料在断裂前发生永久变形的能力称为塑性。它常用金属材料拉断后的断后伸长率和断面收缩率表示。

1. 断后伸长率 *A*

断后伸长率是指试样拉断后标距的残余伸长与原始标距的百分比，是反映材料塑性变形能力大小的指标。

2. 断面收缩率 *Z*

断面收缩率是指试样拉断后缩颈处横截面积的最大缩减量与原始横截面积的百分

比，也是反映材料塑性变形能力的一个指标。

断后伸长率 A 和断面收缩率 Z 越大，说明材料的塑性越好，越容易进行压力加工。

三、硬度

金属材料受压时抵抗局部变形，特别是塑性变形、压痕和划痕的能力称为硬度。经常用来表示硬度的指标有两种，一是布氏硬度，二是洛氏硬度。

1. 布氏硬度（HBW）

布氏硬度是指在布氏硬度试验机上测得的材料的硬度。如图 7–3 所示，使用一定质量、直径的硬质合金球作为压头，在规定载荷作用下压入被测金属的表面，按规定保持一定时间后卸除载荷，金属表面留下的压痕单位表面积上所受的平均压力即为材料的布氏硬度。

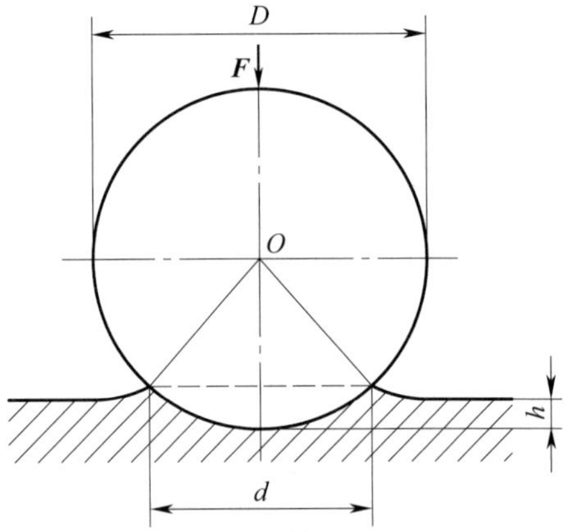

图 7–3 布氏硬度试验原理图

布氏硬度测量的数值准确、稳定，但是所测压痕面积大，易损坏成品件表面，常用于测量退火钢、正火钢、调质钢、铸铁及非金属等原材料或半成品的硬度，不宜测量成品及薄、小的金属件。

2. 洛氏硬度（HR）

洛氏硬度是指在洛氏硬度试验机上测得的材料的硬度。如图 7–4 所示，以顶角为 120° 的金刚石圆锥体或直径为 1.587 5 mm［1/16 in］的淬火钢球作为压头，在初试验力和主试验力的先后作用下压入金属材料表面，保持规定时间后卸除主试验力，在保留初试验力的情况下，根据测得的压痕深度计算得到材料的洛氏硬度值，并规定每压入 0.002 mm 的压痕深度为一个硬度单位，用符号 HR 表示。洛氏硬度没有单位，可以从硬度计的刻度盘上直接读出。

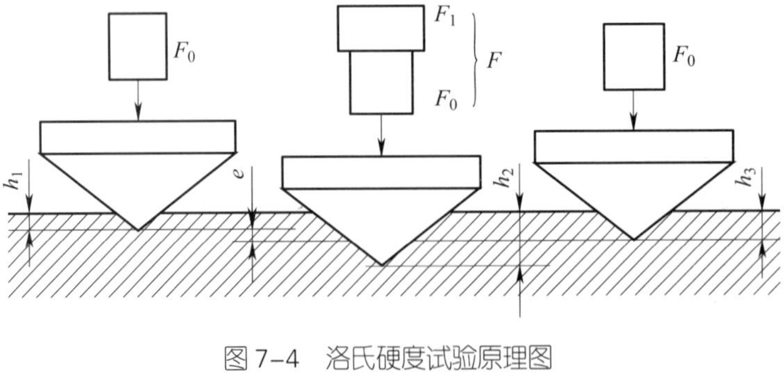

图 7–4 洛氏硬度试验原理图

为了测定不同金属材料的硬度值，需采用不同的压头与试验力组成不同的硬度标尺，常用 HRA、HRB、HRC 表示。洛氏硬度试验操作简单、迅速，压痕小，有利于保护成品件的表面，且硬度测量范围广，可测试从极软到极硬的金属材料，测试时可以直接读出硬度值，但精确度低，通常要在试样不同部位进行多次测量取其平均值作为该材料的硬度值。

四、冲击性能和疲劳强度

强度、塑性和硬度是在静载荷作用下测得的金属材料的力学性能指标。但在实际的工作条件下，汽车零部件（如曲轴、连杆、齿轮等）经常承受冲击载荷或交变载荷的作用，其破坏力远大于静载荷，所以设计零件时必须充分考虑冲击性能和疲劳强度。

1. 冲击性能

冲击性能是指材料抵抗冲击载荷破坏的能力，用冲击吸收能量表示，也可视为材料强度和塑性两者综合性能的反映，常采用一次摆锤冲击弯曲试验方法进行测定，如图 7–5 所示。影响冲击性能的因素包括工件的表面质量、材料内部质量、加载速度和工作温度等。

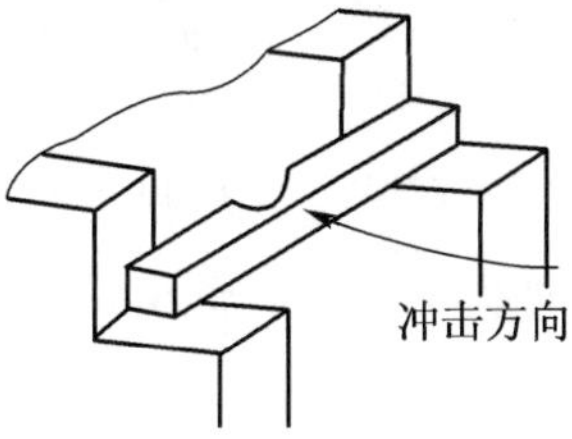

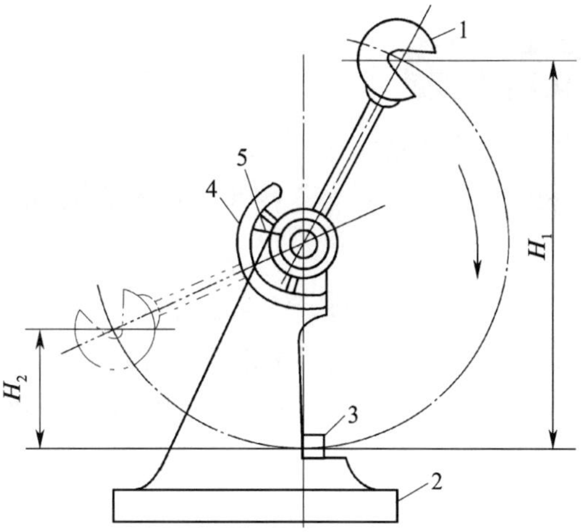

图 7–5　一次摆锤冲击弯曲试验示意图

a）试样放置　b）冲击试验

1—摆锤　2—机架　3—试样　4—刻度盘　5—指针

2. 疲劳强度

汽车中高速旋转的传动轴会突然断裂，使用频繁的弹簧会脆断，气缸盖上的螺栓会断裂，这些现象常常是由金属疲劳引起的。在交变应力作用下，虽然零件所承受的应力远低于该材料的疲劳强度，甚至低于屈服强度，但经过长时间的工作也会产生裂纹或突然断裂，这种现象称为金属的疲劳。

零件抵抗疲劳破坏的能力称为金属材料的疲劳强度。当交变应力低于某一特定值时，材料经无数次应力循环而不断裂，此应力值称为疲劳强度，又称疲劳极限。如图 7–6 所示为疲劳试验原理和疲劳曲线图。

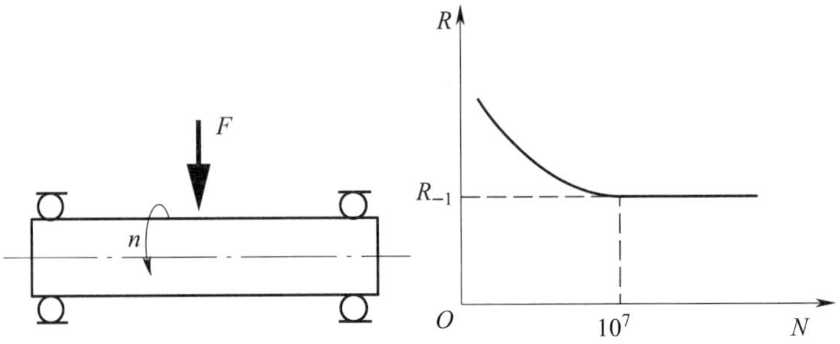

图 7–6　疲劳试验原理和疲劳曲线图

第 2 节　钢 铁 材 料

学习目标

1. 掌握碳钢、合金钢、铸铁的种类、牌号和性能特点。
2. 了解钢铁材料在汽车上的实际应用。

工业上常把金属材料分为黑色金属材料（铁基材料）和有色金属材料（非铁基材料），黑色金属材料是指钢和铸铁，有色金属材料是指钢铁以外的金属及其合金。汽车行业中应用最广泛的是黑色金属材料，即钢和铸铁。

一、碳素钢

碳素钢简称碳钢，是碳的质量分数大于 0.021 8% 小于 2.11%，且不含有特意加入的合金元素的铁碳合金，在现代工业生产所使用的钢铁材料中占据十分重要的地位。由于碳钢具有冶炼方便、加工容易、价格低廉、工艺性能良好、力学性能能够满足工农业生产的使用要求等特点，是工农业生产中用量最大的金属材料。在汽车工业中，钢铁材料的用量占汽车用材总量的 70% 左右。

1. 碳素钢的分类

（1）按钢中碳质量分数分类

1）低碳钢。碳质量分数 w_C<0.25% 的铁碳合金，如 08 钢、10 钢、15 钢、20 钢、25 钢等。

2）中碳钢。碳质量分数 $0.25\% \leqslant w_C \leqslant 0.60\%$ 的铁碳合金，如 30 钢、35 钢、40 钢、45 钢、50 钢、55 钢、60 钢等。

3）高碳钢。碳质量分数 $w_C>0.60\%$ 的铁碳合金，如 65 钢、70 钢、75 钢、80 钢、85 钢、T7 钢、T8 钢、T10 钢、T12 钢等。

（2）按钢的冶炼质量分类

根据钢中所含有害杂质硫和磷的质量分数不同，可分为以下几类：

1）普通碳素钢。钢中有害杂质元素较多，一般 $w_S \leqslant 0.050\%$，$w_P \leqslant 0.045\%$，如碳素结构钢、低合金结构钢等。

2）优质碳素钢。钢中含有害杂质元素较少，一般 w_S、w_P 均不大于 0.040%，如优质碳素结构钢、合金结构钢、碳素工具钢和合金工具钢、弹簧钢、轴承钢等。

3）高级优质碳素钢。钢中含有害杂质元素极少，一般 $w_S \leqslant 0.030\%$，$w_P \leqslant 0.030\%$，如合金结构钢和工具钢等。

（3）按钢的用途分类

1）碳素结构钢。碳素结构钢主要用于制造各种机械零件和工程构件，一般其碳质量分数小于 0.70%。

2）碳素工具钢。碳素工具钢主要用于制造各种刀具、模具和量具，一般其碳质量分数大于 0.70%。

（4）按冶炼时的脱氧程度分类

1）沸腾钢。沸腾钢是指脱氧程度不完全的钢，在钢的牌号中通常用“F”表示。

2）镇静钢。镇静钢是指脱氧程度完全的钢，在钢的牌号中通常用“Z”表示。特殊镇静钢是指比镇静钢脱氧程度更充分彻底的钢，通常用“TZ”表示。镇静钢和特殊镇静钢也可以不标符号。

3）半镇静钢。半镇静钢是指脱氧程度介于沸腾钢与镇静钢之间的钢，在钢的牌号中通常用“b”表示。

2. 碳素钢的编号及用途

（1）普通碳素结构钢

牌号：由 Q（钢材屈服强度“屈”字汉语拼音首字母）、屈服强度数值、质量等级符号、脱氧方法符号四个部分按顺序组成（GB/T 700—2006）。

质量等级按硫、磷质量分数的多少分为 A、B、C、D 四级，其中 A 级的硫（S）、磷（P）质量分数最高，D 级的硫（S）、磷（P）质量分数最低。脱氧方法符号用 F、Z、TZ 表示，F 是沸腾钢，Z 是镇静钢，TZ 是特殊镇静钢，Z 与 TZ 这两个符号在牌号组成表示方法中予以省略。例如，Q235 A · F 表示屈服强度为 235 MPa 的 A 级沸腾钢。

用途：仅保证力学性能，主要应用在型材、薄板、焊管、桥梁结构，标准件，连杆，简单的齿轮或轴，不热处理直接使用。

表 7–1 列出了常用碳素钢的牌号、化学成分、力学性能及用途。

表 7-1　常用碳素钢的牌号、化学成分、力学性能及用途（GB/T 700—2006）

<table>
<tr><th rowspan="2">牌号</th><th rowspan="2">等级</th><th colspan="3">化学成分/%，不大于</th><th colspan="3">力学性能</th><th rowspan="2">应用举例</th></tr>
<tr><th>w_C</th><th>w_S</th><th>w_P</th><th>屈服强度［厚度（或直径）≤ 16 mm］R_{eH}/MPa</th><th>抗拉强度 R_m/MPa</th><th>断后伸长率［厚度（或直径）≤ 40 mm］A/%</th></tr>
<tr><td>Q195</td><td>—</td><td>0.12</td><td>0.040</td><td>0.035</td><td>195</td><td>315 ~ 430</td><td>≥ 33</td><td rowspan="3">用于载荷不大的结构件、铆钉、垫圈、地脚螺栓、开口销、拉杆、螺纹钢筋、冲压件和焊接件等</td></tr>
<tr><td rowspan="2">Q215</td><td>A</td><td rowspan="2">0.15</td><td>0.050</td><td rowspan="2">0.045</td><td rowspan="2">215</td><td rowspan="2">335 ~ 450</td><td rowspan="2">≥ 31</td></tr>
<tr><td>B</td><td>0.045</td></tr>
<tr><td rowspan="4">Q235</td><td>A</td><td>0.22</td><td>0.050</td><td rowspan="2">0.045</td><td rowspan="4">235</td><td rowspan="4">375 ~ 500</td><td rowspan="4">≥ 26</td><td rowspan="4">用于结构件、钢板、螺纹钢筋、型钢、螺栓、螺母、铆钉、拉杆、齿轮、轴、连杆、焊接件等；Q235C、Q235D 可用作重要的焊接结构件等</td></tr>
<tr><td>B</td><td>0.20</td><td>0.045</td></tr>
<tr><td>C</td><td rowspan="2">0.17</td><td>0.040</td><td>0.040</td></tr>
<tr><td>D</td><td>0.035</td><td>0.035</td></tr>
<tr><td rowspan="4">Q275</td><td>A</td><td>0.24</td><td>0.050</td><td rowspan="2">0.045</td><td rowspan="4">275</td><td rowspan="4">410 ~ 540</td><td rowspan="4">≥ 22</td><td rowspan="4">用于承受中等载荷的零件，如齿轮、键、链、拉杆、转轴、链轮、链节、螺栓及螺纹钢筋等；Q275C、Q275D 用于强度要求较高的零件</td></tr>
<tr><td>B</td><td>0.22</td><td>0.045</td></tr>
<tr><td>C</td><td rowspan="2">0.20</td><td>0.040</td><td>0.040</td></tr>
<tr><td>D</td><td>0.035</td><td>0.035</td></tr>
</table>

（2）优质碳素结构钢

牌号：用两位数字表示，这两位数字表示该钢平均碳质量分数的万分数。

例如，45 钢表示平均碳质量分数为 0.45% 的优质碳素结构钢。

用途：一般 08 ~ 25 低碳钢用于制作冲压件，30 ~ 55 中碳钢用于制作齿轮、轴等机械零件，55 ~ 65 钢用于制作弹簧。一般经热处理提高力学性能。

表 7–2 列出了部分优质碳素结构钢的牌号、碳质量分数、力学性能和用途。

表 7-2　优质碳素结构钢的牌号、碳质量分数、力学性能和用途（GB/T 699—2015）

牌号	w_C/%	力学性能			用途举例
		下屈服强度 R_{eL}/MPa	抗拉强度 R_m/MPa	断后伸长率 A/%	
		≥			
08	0.05 ~ 0.11	195	325	33	冲压件、焊接件及一般螺钉、铆钉、垫圈、渗碳件等
15	0.12 ~ 0.18	225	375	27	
20	0.17 ~ 0.23	245	410	25	
35	0.32 ~ 0.39	315	530	20	承载力较大的零件，如连杆、曲轴、主轴、活塞杆等
45	0.42 ~ 0.50	355	600	16	
50	0.47 ~ 0.55	375	630	14	
60	0.57 ~ 0.65	400	675	12	弹性元件（如各种螺旋弹簧、板簧等）及耐磨零件
65	0.62 ~ 0.70	410	695	10	
75	0.72 ~ 0.80	880	1080	7	
20Mn	0.17 ~ 0.23	275	450	24	渗碳零件、受磨损零件及尺寸较大的各种弹性元件等
45Mn	0.42 ~ 0.50	375	620	15	
70Mn	0.67 ~ 0.75	450	785	8	

（3）碳素工具钢

牌号：T（“碳”字的汉语拼音首字母）+ 数字（平均碳质量分数的千分数）。

如 T12A 表示平均碳质量分数为 1.2% 的高级优质碳素工具钢。

典型牌号有 T8、T8Mn、T10、T13、T8A、T12A 等。

用途：碳质量分数较低的 T7、T8 用于制作冲头、锤子、手锯等；碳质量分数较高的 T9 ~ T11 用于制作车刀、钻头、冲模等；碳质量分数高的 T12、T13 用于制作量块、塞规、刮刀等。

（4）铸造碳钢

牌号：ZG（“铸钢”两字的汉语拼音首字母）+ 数字 - 数字。

第一组数字：屈服强度值；第二组数字：抗拉强度值。

例如，ZG200–400，表示屈服强度不小于 200 MPa、抗拉强度不小于 400 MPa 的铸造碳钢。

典型牌号有 ZG200–400、ZG270–500、ZG340–640 等。

用途：用于制造受力不大，韧性较好，可焊接的机座、壳体等；强度较高，有一定塑性，可焊接的轧钢机机架、连杆、曲轴等；高强度、高耐磨性、能切削加工的齿轮、棘轮等。

二、合金钢

碳素钢的冶炼及加工简单，价格低廉，但是碳素钢淬透性差，缺乏良好的综合性能，无法满足一些重要零件的要求。此外，碳素钢缺乏一些特殊的性能，如耐热性、耐腐蚀性等。因此，现代工业中，人们在机械制造中还广泛地使用合金钢。

所谓合金钢，是指在碳素钢的基础上，为了改善钢的性能，在冶炼时有目的地加入一种或数种合金元素而制成的钢。

1. 合金钢的分类及编号方法

（1）合金钢的分类

1）按合金元素含量分类。合金钢可分为低合金钢，合金元素总质量分数不大于5%；中合金钢，合金元素总质量分数为 5% ~ 10%；高合金钢，合金元素总质量分数大于 10%。

2）按合金钢的应用分类。合金钢可分为合金结构钢，主要用于制造各种机械零件和工程构件；合金工具钢，主要用于制造各种刀具、模具和量具；特殊性能钢，具有某种特殊的物理、化学性能的钢，如不锈钢、耐热钢等。

（2）合金钢的牌号

国家标准《钢铁产品牌号表示方法》（GB/T 221—2008）规定，我国合金钢的牌号采用“数字＋合金元素符号＋数字”的方法来表示。

1）结构钢。以平均碳质量分数的万分数为单位的数字（两位数字）开头，元素符号及后面的数字表示加入的元素符号及其质量分数，当某合金元素平均质量分数小于1.50% 时不标，平均质量分数为 1.50% ~ 2.49%、2.50% ~ 3.49%…时，则相应地标以2、3…。例如，55Si2Mn 表示平均碳质量分数为 0.55%，主要合金元素硅的平均质量分数为 2% 左右，主要合金元素锰的质量分数小于 1.50%。

2）合金工具钢。以平均碳质量分数的千分数为单位的数字（一位数字）开头，合金元素标注与合金结构钢相同，如 9SiCr。合金工具钢的平均碳质量分数超过 1% 时不标出，如 Cr12MoV。

3）特殊性能钢。特殊性能钢的牌号表示方法与合金工具钢的牌号表示方法基本相同，但当钢中平均碳质量分数小于等于 0.08% 和小于等于 0.03% 时，分别在牌号前以“0”和“00”标出。例如，40Cr13 表示平均碳质量分数为 0.4%、平均铬质量分数为13% 左右的不锈钢；00Cr30Mo2 表示平均碳质量分数小于等于 0.03%，平均铬质量分数为 30% 左右，平均钼质量分数为 2% 左右的不锈钢。

4）滚动轴承钢。滚动轴承钢的牌号表示方法为“G+Cr+ 数字”。其中，G 为“滚”字的汉语拼音首字母，其碳质量分数不予标注，Cr 表示铬元素，数字表示平均铬质量分数的千分数，其他元素的质量分数仍按百分数表示，且当其质量分数小于 1.5% 时不标。例如，GCr15SiMn 表示铬质量分数为 1.5%，硅、锰质量分数均小于 1.5% 的滚动轴承钢。

2. 合金结构钢

合金结构钢用作机械零件和各种工程构件，是含有一种或数种一定量的合金元素的钢。

（1）低合金高强度结构钢

低合金高强度结构钢的成分特点为低碳（碳质量分数不大于 0.20%）、低合金（合金元素总质量分数小于 3%）。碳质量分数低是为了满足工程结构件用钢的塑性、韧性、焊接性和冷变形等工艺性能要求。加入以 Mn 为主的少量合金元素则达到了提高力学性能的目的。为进一步改善和提高钢的性能，还加入了微量 V、Ti、Nb、Al 等细化晶粒元素，不仅进一步提高了钢的强度，还使其韧性得到改善。

少量合金元素对改善和提高钢的力学性能效果显著，如在 Q235 钢中仅加入 1% 的 Mn 成为 Q355 钢，其强度增加近 40%。在 Q355 钢的基础上再加 0.04% ~ 0.12% 的 V 就成为 Q390 钢，钢的强度由 350 MPa 增加至 390 MPa。

表 7–3 列出了常用低合金高强度钢的牌号、化学成分、力学性能及用途。

表 7–3　常用低合金高强度钢的牌号、化学成分、力学性能及用途（GB/T 1591—2018）

牌号	化学成分		力学性能		用途举例
	w_C/%	w_{Mn}/%	抗拉强度（公称直径或厚度≤ 100 mm）R_m/MPa	断后伸长率（公称直径或厚度 <63 mm）A/%	
Q355N	≤ 0.20	0.90 ~ 1.65	470 ~ 630	22	油罐、锅炉、桥梁、车辆、压力容器、输油管道、建筑构件等
Q390N	≤ 0.20	0.90 ~ 1.70	490 ~ 650	20	
Q420N	≤ 0.20	1.00 ~ 1.70	520 ~ 680	19	船舶、压力容器、电站设备、车辆、起重机械等
Q460N	≤ 0.20	1.00 ~ 1.70	540 ~ 720	17	

（2）合金渗碳钢

合金渗碳钢的成分特点是低碳（碳质量分数一般为 0.10% ~ 0.25%），主要加入锰、铬、硼等合金元素。合金渗碳钢经过渗碳、淬火、回火，可获得很硬的表面层，又保持心部有很高的塑性、韧性，适用于制造易磨损而又承受较大冲击载荷的零件，如汽车和拖拉机的齿轮、内燃机凸轮轴和气门顶杆等。常用的合金渗碳钢有 20Cr、20Mn2B、20CrMnTi 等。

（3）合金调质钢

合金调质钢的成分特点是中碳（碳质量分数一般为 0.25% ~ 0.50%），主要加入锰、硅、铬、钼、钒等合金元素，改善了钢的淬透性。合金调质钢经调质后，具有良好的综合力学性能，适用于制造重载荷下、受力复杂、性能要求高及截面尺寸较大的重要零件，如机床主轴和汽车底盘半轴、连杆、曲轴等零件。常用的合金调质钢有40Cr、45Mn2、35CrMnSi和40MnB等。

（4）合金弹簧钢

合金弹簧钢主要用于制造各种弹簧和弹性元件，弹簧主要在冲击、振动、周期性扭转、弯曲等变化应力下工作。合金弹簧钢的成分特点是中、高碳（碳质量分数一般为0.45% ~ 0.70%），经过淬火及中温回火后，能获得较高的弹性。重要的或大断面的弹簧都采用合金弹簧钢制造，如机车车辆、汽车、拖拉机上的螺旋弹簧和板弹簧、阀门弹簧等。常用的合金弹簧钢有60Si2Mn、50CrVA、55Si2Mn等。

（5）滚动轴承钢

滚动轴承钢是制造滚动轴承的内圈、外圈和滚动体的专用钢，也可用于制造工具、量具、冷冲模、机床丝杠等耐磨件，具有高的接触疲劳强度、高的硬度、足够的韧性和淬透性。其成分特点是高碳（碳质量分数一般为0.95% ~ 1.15%），加入硅、锰、钒等合金元素可进一步提高淬透性，便于制造大型轴承，常用的滚动轴承钢有G8Cr15、GCr15、GCr15SiMn等。

3. 合金工具钢

合金工具钢基本上是在碳素工具钢的基础上再加入适量的合金元素的钢。与碳素工具钢相比，合金工具钢具有淬透性好、耐磨性好、热硬性高和热处理变形小的优点。按用途不同合金工具钢可分为合金刃具钢、合金量具钢和合金模具钢三类。

三、铸铁

铸铁是碳的质量分数大于2.11%的铁碳合金，与钢相比，不仅含碳和硅较多，而且含杂质元素硫、磷也较多，其抗拉强度低，塑性和韧性差，但抗振耐磨性能好，切削加工性好，缺口敏感性低。

1. 铸铁的分类

由于铸铁在结晶过程中石墨化程度不同，碳的存在形式也不相同。常用的铸铁可分为灰铸铁、球墨铸铁、蠕墨铸铁、可锻铸铁等。

（1）灰铸铁

大部分碳以片状石墨析出，断口呈暗灰色，故称为灰铸铁。

（2）球墨铸铁

浇铸前经球化处理而不是在凝固后经过热处理，铸铁中的石墨大部分或全部呈球粒状，因而称之为球墨铸铁。

（3）蠕墨铸铁

将高碳、低硫、低磷及含有一定量硅、锰、稀土元素和镁的铁液经蠕化处理后，金相组织中石墨形态呈蠕虫状，故称之为蠕墨铸铁。

（4）可锻铸铁

一定成分的白口铸铁经石墨化退火，使渗碳体分解，石墨呈团絮状的铸铁称为可锻铸铁。

2. 铸铁的牌号及用途

（1）灰铸铁

灰铸铁是生产中使用最多的铸铁。灰铸铁的牌号由“HT”及后面一组数字组成，数字表示最小抗拉强度值（MPa）（GB/T 9439—2010），如 HT200、HT350 等。

HT200 适用于制造承受大载荷的重要零件，如汽车的气缸体、气缸盖、制动轮等。HT300、HT350 适用于制造承受高载荷，要求耐磨和高气密性的重要零件，如大型发动机的气缸体、气缸盖、气缸套、泵体、阀体等。

（2）球墨铸铁

由于球墨铸铁具有良好的力学性能和工艺性能，并能进行热处理，使其力学性能在较大范围内变化，因此可以代替碳素钢、合金铸钢和可锻铸铁，制造受力复杂及性能要求较高的零件。球墨铸铁的牌号由“QT”及后面的两组数字组成，两组数字分别代表最低抗拉强度值（MPa）和最低断后伸长率值（%）（GB/T 1348—2019），如 QT400-18。

QT400-18 适用于制作汽车、拖拉机的牵引框、轮毂、离合器和减速器的壳体；QT700-2 适用于制作汽油机和柴油机的曲轴、连杆、凸轮轴等零件。

（3）蠕墨铸铁

蠕墨铸铁是近代发展起来的一种新型结构材料，其性能介于优质灰铸铁和球墨铸铁之间，其牌号由“RuT”及后面一组数字组成，数字表示最低抗拉强度值（MPa），如 RuT260、RuT420 等。

蠕墨铸铁主要用于制作承受循环载荷、要求组织致密、强度要求较高、形状复杂的零件，如汽车、拖拉机底盘零件、气缸套、活塞环、制动盘等。

（4）可锻铸铁

可锻铸铁有较高的强度、塑性和冲击性能，可以部分代替碳素钢。可锻铸铁的牌号由“KT”（“KTB”表示白心可锻铸铁，“KTH”表示黑心可锻铸铁，“KTZ”表示珠光体可锻铸铁）及后面的两组数字组成，两组数字分别代表最低抗拉强度值（MPa）和最低断后伸长率值（%）。例如，牌号 KTH350-10 表示最低抗拉强度值为 350 MPa、最低断后伸长率值为 10% 的黑心可锻铸铁；KTZ650-02 表示最低抗拉强度值为 650 MPa、最低断后伸长率值为 2% 的珠光体可锻铸铁。

可锻铸铁主要适用于制作汽车后桥桥壳、转向机构、低压阀、管接头等受冲击和振动的零件。

第3节　非金属材料

学习目标

1. 了解常用非金属材料的类型和特点。
2. 了解常用非金属材料在汽车上的应用。

非金属材料一般包括高分子材料（包括塑料、橡胶、合成纤维、部分胶黏剂等）、陶瓷材料（各种陶瓷、耐火材料、玻璃等）、复合材料三类，非金属材料具有金属材料所不能及的某些性能，如绝缘性、耐高温、耐腐蚀、质轻等，在汽车工业中得到越来越广泛的应用。

一、塑料

塑料的主要成分是有机合成树脂，也可加入各种增强材料、填料、固化剂、增塑剂、稳定剂、着色剂和阻燃剂等。它通常可在加热、加压条件下塑造或固化成型，得到所需的固体制品，故称为塑料。

1. 塑料的组成

（1）合成树脂

合成树脂是指从煤、石油和天然气中提炼出来的高分子化合物。合成树脂是塑料的基本成分，它的种类、性质和含量决定了塑料的性能。塑料的名称大多是以合成树脂的名称来命名的。合成树脂的种类很多，常用的有酚醛树脂、环氧树脂、聚氯乙烯和聚苯乙烯等。

（2）添加剂

大多数塑料都在合成树脂中加入添加剂，以改善塑料的性能。添加剂的种类有很多，按其改善性能的目的不同，主要有填充剂、增塑剂、稳定剂、固化剂、润滑剂、抗静电剂、阻燃剂和着色剂等。

2. 塑料的分类

（1）按树脂在加热和冷却时所表现的性能分类

按树脂在加热和冷却时所表现的性能不同，可分为热塑性塑料和热固性塑料。

1）热塑性塑料。热塑性塑料是指在特定温度范围内能反复加热软化和冷却硬化的塑料。这类塑料一般由聚合树脂制成，受热时主要通过物理变化而使其几何构型发生变化，当再一次受热后仍具有可塑性。如聚乙烯、聚苯乙烯、ABS 塑料［是丙烯腈

（A，acrylonitrile）、丁二烯（B，butadiene）、苯乙烯（S，styrene）的三元共聚物］、聚酰胺等。

2）热固性塑料。热固性塑料是指在一定温度和压力等条件下，保持一定时间而固化，固化后成为不溶性物质的塑料。一般以缩聚树脂为基础制成。受热时通过化学变化使相对分子质量低的线型分子转变为体型结构的高分子化合物，当它再次受热后不具有可塑性，如酚醛树脂、环氧树脂等。

（2）按塑料应用范围分类

按塑料应用范围不同可分为通用塑料、工程塑料和特种塑料。

1）通用塑料。通用塑料是指产量大、用途广、价格低的常用塑料。它包括聚乙烯、聚氯乙烯、聚丙烯、酚醛树脂等，产量占全部塑料产量的80%以上。

2）工程塑料。工程塑料是指可以作为结构材料的塑料。它可代替金属作为工程结构件使用，如聚碳酸酯、ABS塑料、聚酰胺等。通用塑料经改性和增强，也可制成工程构件。这样就很难从定义上区分通用塑料和工程塑料的界限了。

3）特种塑料。特种塑料是指有某一方面特殊性能的塑料。这些特殊性能包括高耐热性、高电绝缘性、高耐腐蚀性等，如氟塑料、有机硅树脂等。

3. 塑料在汽车上的应用

（1）汽车内饰用塑料制品

为创造更舒适、更安全而豪华的车内空间，人们一直追求高档次、高质量的汽车内饰。汽车内饰塑料制品有仪表盘、座椅、顶棚、门内板、副仪表盘、扶手、地毯、行李舱内衬、发动机罩盖内衬以及各种吸音、降噪用的毛毡垫等。

（2）汽车外饰塑料制品

汽车外饰塑料制品有保险杠、散热器格栅、车轮罩、翼子板衬里、发动机挡泥板及刮水器等。

常用塑料的主要特性及其在汽车上的应用见表7–4。

表7–4　常用塑料的主要特性及其在汽车上的应用

种类		代号	主要特性	应用举例
热塑性塑料	聚乙烯	PE	强度高，耐磨性、耐高温性、耐腐蚀性和绝缘性较好	汽油箱、挡泥板、门窗嵌条、保险杠等
	聚酰胺（尼龙）	PA	韧性好，强度高，耐磨性、耐疲劳性、耐油性等综合性能好，但吸水性和收缩率大	车窗摇柄、风扇叶片、里程表齿轮、衬套等
	聚甲醛	POM	综合力学性能优良，尺寸稳定性好，耐磨性、耐油性、耐老化性好，吸水性小	半轴齿轮和行星齿轮垫片、汽油泵壳、转向节衬套等

续表

种类		代号	主要特性	应用举例
热塑性塑料	ABS 塑料	ABS	综合力学性能优良，耐高温性、耐腐蚀性好	转向盘、仪表盘、挡泥板、行李舱等
	有机玻璃	PMMA	透明度高，耐腐蚀性、绝缘性好，有一定的力学性能，但脆性大，表面硬度不高	灯盖、仪表壳
	聚碳酸酯	PC	具有较高的抗冲击性、抗拉性和耐热性，还兼有优良的尺寸稳定性、电绝缘性和阻燃性	仪表盘、分电器壳、暖风机风扇叶、保险杠等
热固性塑料	酚醛树脂	PF	耐热性、绝缘性、化学稳定性、尺寸稳定性等性能优于热塑性塑料，但质地较脆，抗冲击性较差	分电盘盖、分火头、制动片和离合器摩擦片
	环氧树脂	EP	强度较高，塑性较好，收缩性低，绝缘性、化学稳定性、耐腐蚀性好	塑料模具、量具、电气和电子元件的密封件

二、橡胶

橡胶属于高弹性的高分子材料，具有弹性模量低、弹性极限高、耐疲劳、易硫化粘接等性能；有些胶种还具有耐油、耐化学介质、气密性好及耐高温和低温等性能。

汽车上橡胶零件有 300 多种，橡胶制品分布于汽车发动机及其附件以及传动、转向、悬架、制动、电气仪表及车身等系统内，广泛用于制作密封件、减振件、胶管、传动带与轮胎。

1. 橡胶的组成和分类

橡胶是以生橡胶为主要原料，加入各种适量的配合剂制成的。

生橡胶简称生胶，它是橡胶的主要原料。按其来源不同，分为天然橡胶和合成橡胶两大类。

（1）天然橡胶

天然橡胶是指以天然橡胶为生胶组成的橡胶材料，属于通用橡胶，它具有优良的弹性，较高的强度和优异的抗疲劳性、耐磨性、防水性、绝热性与电绝缘性以及良好的加工性能。

（2）合成橡胶

合成橡胶是指以石油、天然气和煤等为原料，通过化学合成的方法制成的与天然橡胶性质相似的高分子材料。合成橡胶的原料来源丰富，成本低廉，其品种和数量较多，产量已超出了天然橡胶。按其性能和用途不同，合成橡胶可分为通用橡胶和特种橡胶两大类。

通用橡胶的性能与天然橡胶相似，物理性能和力学性能较好，如丁苯橡胶、顺丁橡胶、异戊橡胶等。特种橡胶是指具有耐热、耐寒、耐油和耐化学腐蚀等特殊性能的橡胶，如硅橡胶、氟橡胶、聚氨酯橡胶等。

2. 橡胶的主要特性

橡胶和其他材料相比较，其主要特性有以下几点：

（1）极高的弹性

橡胶具有独特的高弹性，其伸长率可高达 1 000%。橡胶在开始受力时会产生很大的变形，但随着外力的增加，橡胶又具有很强的抵抗变形能力，外力去除后又能恢复原形，因此，橡胶可作为弹性减振材料。例如，橡胶制成的汽车轮胎在汽车行驶时，能承受强烈的弯曲变形，并能缓冲、减振。

（2）良好的热可塑性

橡胶在一定温度下会失去弹性而具有塑性，即具有热可塑性。

（3）良好的黏着性

黏着性是指橡胶与其他材料黏结成一体而不易分离的能力。橡胶特别能与毛、棉、锦纶等纤维材料牢固地黏在一起，例如，汽车轮胎就是利用橡胶和轮胎帘线牢固地黏在一起，从而增强了轮胎的抗冲击、抗振动能力。

（4）良好的绝缘性

橡胶大多具有良好的绝缘性，因此，它是电线、电缆和电气设备良好的绝缘材料。

此外，橡胶还具有良好的耐腐蚀性、密封性和耐寒性等，但是橡胶的导热性能差，抗拉强度低，尤其容易老化。橡胶的老化是指随着时间的增加，橡胶出现变色、发黏、变硬、变脆、龟裂等现象。为防止橡胶老化，延长橡胶制品的使用寿命，在橡胶制品的使用中应避免与酸、碱、油及有机溶剂接触，尽量减少受热、日晒和雨淋等。

3. 橡胶在汽车上的应用

橡胶是在汽车上得到大量应用的一种重要材料，它是其他材料所无法替代的。现代轿车中橡胶的用量占轿车总质量的 3% ~ 6%，其中用量最大的是轮胎，它约占轿车中橡胶件总质量的 70%。橡胶在汽车上除了用于制造轮胎外，还可用于制造各种胶管、胶带、减振件和密封件等。

常用橡胶的主要特性及其在汽车上的应用见表 7–5。

表 7-5　常用橡胶的主要特性及其在汽车上的应用

种类	代号	主要特性	应用举例
天然橡胶	NR	弹性大，拉伸强度高，抗撕裂性优良，耐磨性、耐寒性、气密性好，加工性能良好，但耐高温性、耐油性较差，易老化	轮胎、胶带、胶管和其他通用橡胶制品等
丁苯橡胶	SBR	耐磨性优良，耐老化性、耐热性优于天然橡胶，力学性能和天然橡胶相近，但加工性能和黏着性较天然橡胶差	轮胎、胶带、胶管、制动片和其他通用橡胶制品等
氯丁橡胶	CR	力学性能良好，耐老化性、耐热性、耐油性、耐腐蚀性较好，但密度大，耐寒性、绝缘性较差，加工时易粘连	广泛用于制造轮胎胎侧，耐热运输带，耐油、耐蚀胶管，汽车、拖拉机配件，门窗密封条等
丁基橡胶	ⅡR	气密性好，吸振能力强，化学稳定性、耐老化性、耐候性、耐酸性、耐碱性良好，但耐油性、加工性能较差	轮胎内胎、胶管、电线护套和减振元件等
丁腈橡胶	NBR	优良的耐油性，耐磨性、耐热性、耐老化性、气密性较好，但加工性能较差	广泛用于制作耐油橡胶制品，如油封、轴封等，还可以制造耐油胶管、输送带等
二元、三元乙丙橡胶	EPM、EP-DM	耐老化性、耐腐蚀性优异，有良好的弹性，但加工性能较差	制造耐热运输带、蒸气胶管、耐腐蚀密封件等

三、陶瓷

陶瓷是以天然或合成的化合物为原料，经原料处理、成形、干燥、烧结而成的一种无机非金属材料。陶瓷不仅指制作日用器皿的传统陶瓷材料，近年来随着陶瓷性能的不断改进，已发展成为金属材料和高分子材料以外的第三大类工程材料。陶瓷材料具有耐高温、耐腐蚀性、耐磨性好，抗压强度高等特点。目前它在汽车上得到了越来越多的应用。在汽车上应用的陶瓷材料主要有普通陶瓷、工程陶瓷和功能陶瓷。

1. 普通陶瓷

普通陶瓷是用黏土、硅砂、长石等天然硅酸盐材料（含 SiO_2 的化合物）为原料，经过配制、烧结而制成的。这类陶瓷质地坚硬，耐腐蚀性好，不导电，易于加工成形，是应用广泛的传统材料。日用陶瓷、建筑陶瓷和化工陶瓷等一般都属于这类普通陶瓷。汽车发动机上的火花塞就是由普通陶瓷等制成的。

2. 工程陶瓷

工程陶瓷是指具有优良的物理、化学和力学性能的陶瓷。它是以氧化铝、氧化硅、碳化硅或氧化硼等化合物为原料经过配制、烧结而制成的。工程陶瓷作为一种新型的高强度、高硬度、高耐热性、高耐磨性和高耐腐蚀性材料，是近年来大力开发研究的课题，它在汽车上也具有十分广阔的应用前景。目前，工程陶瓷已应用于燃气涡轮机零件、柴油机喷嘴、气门零件和活塞等。

3. 功能陶瓷

功能陶瓷是指一些具有特殊的介电性、压电性、导电性、透气性和磁性等性能的陶瓷材料。它在汽车上主要用于各种电子设备的传感器、导电材料和显示元件等。

四、复合材料

复合材料是由两种或两种以上性质不同的金属材料或非金属材料通过人工复合而制成的。广义复合材料应用的历史已很悠久，如建筑用的稻草黏土泥墙和钢筋混凝土等。但是复合材料作为一种新型工程材料，是从 20 世纪 40 年代开始使用玻璃纤维增强塑料（玻璃钢）后发展起来的。复合材料主要应用于航空、航天工业中；近年来，随着汽车轻量化和高性能的发展趋势，在汽车上的应用开始日益增多。

复合材料由基体材料和增强材料两部分组成。基体材料主要有合成树脂、橡胶、陶瓷、石墨和有色金属等；增强材料主要有玻璃纤维、碳纤维等。复合材料兼有各种组成材料的性能，同时又具有新的特性。

复合材料种类很多，可分为高分子基、陶瓷基、金属基复合材料；也可分为纤维、层状、颗粒状增强复合材料。目前，发展最快、应用较广的复合材料是纤维增强塑料，它包括玻璃纤维增强塑料和碳纤维增强塑料等。另外，广义上说汽车轮胎也属于复合材料，它是一种纤维增强橡胶。

1. 玻璃纤维增强塑料

玻璃纤维增强塑料又称玻璃钢，是 20 世纪 40 年代开始发展起来的一种工程材料。它是以玻璃纤维作为增强材料，以工程塑料作为基体材料制成的复合材料。玻璃纤维柔软如丝，但抗拉强度约比高强度钢高 2 倍，并且制取方便，价格低廉。玻璃纤维增强塑料的强度、抗疲劳性、韧性都比塑料大大提高，比强度高于铝合金，耐腐蚀性、隔热性好，且成型工艺简单，成本低。玻璃纤维增强塑料用作汽车零部件材料，可减轻汽车的自重，提高汽车的性能。目前，它在汽车上常用于仪表板、发动机舱盖、行李舱盖、挡泥板等。

2. 碳纤维复合材料

碳纤维增强塑料是 20 世纪 60 年代开始发展起来的一种新型工程材料。它是以碳纤维为增强材料，以工程塑料为基体材料制成的复合材料。由于碳纤维比玻璃纤维具有更高的强度和刚度，且具有良好的耐疲劳性能，是比较理想的增强材料。碳纤维增强塑料强度与钢相近，化学稳定性好，摩擦因数小，自润性、耐热性好，其综合性能优于玻璃钢。碳纤维增强塑料主要用作航天工业材料，它在汽车上可用于制作传动轴、钢板弹簧、保险杠、发动机气门挺杆等结构件。

此外，还有纤维增强金属、纤维增强陶瓷等复合材料，其在汽车上也得到了开发和应用。随着对复合材料不断深入的研究，它在汽车上的应用会越来越多。